한 권으로 읽는
나노기술의
모든 것

고즈윈은 좋은책을 읽는 독자를 섬깁니다.
당신을 닮은 좋은책 ― 고즈윈

한 권으로 읽는
나노기술의 모든것

이인식 지음

1판 1쇄 발행 | 2009. 9. 23.
1판 3쇄 발행 | 2012. 7. 10.

발행처 | 고즈윈
발행인 | 고세규
신고번호 | 제313-2004-00095호
신고일자 | 2004. 4. 21.
(121-819) 서울특별시 마포구 동교동 200-19번지 오비브하우스 202호
전화 02)325-5676 팩시밀리 02)333-5980

값은 표지에 있습니다.
ISBN 978-89-92975-31-5

고즈윈은 항상 책을 읽는 독자의 기쁨을 생각합니다.
고즈윈은 좋은 책이 독자에게 행복을 전한다고 믿습니다.

한 권으로 읽는

나노기술의 모든 것

이인식 지음

꿈조윈
God'sWin

머리말

　인류의 삶과 미래를 혁명적으로 바꾸어 놓을 과학기술로는 나노기술이 맨 먼저 손꼽힌다. 나노미터의 세계에서는 인간의 상상력을 뛰어넘는 일들이 펼쳐질 것임에 틀림없다. 하지만 나노기술은 그 역사가 길지 않아 일반 독자들이 쉽게 접근할 수 있는 교양도서를 찾아보기 힘든 실정이다. 이 책은 누구나 나노기술의 이모저모를 한눈에 살펴볼 수 있도록 마련된 개론서이다.

　이 책에는 나노기술의 어제, 오늘, 내일이 소개되어 있다. 먼저 2부를 펼치면 나노기술의 역사를 한눈에 파악할 수 있을 것이다. 미지의 세계에 도전하는 과학자들의 피와 땀이 얼마나 소중한 것인지 실감하게 될 줄로 안다.

　나노기술은 신생 기술이므로 그 가능성을 실현시키기 위해 여러 가지 접근 방법이 시도되고 있다. 3부, 4부, 5부에 나노기술이 활용되고 있는 사례를 간추려 놓았다.

나노기술의 미래는 나노로봇과 어셈블러에 달려 있다고 해도 과언은 아니다. 나노로봇은 6부에, 어셈블러는 7부에 묘사되어 있다.

나는 과학칼럼니스트로서 나노기술에 관한 글을 여러 차례 발표하였다. 1990년 11월 월간 〈컴퓨터월드〉에 500매(200자 원고지)의 글을 실었으며, 이 원고는 『사람과 컴퓨터』(1992)에 수록되었다. 〈월간조선〉(1992년 4월호), 〈한겨레21〉(1997년 12월 25일자), 〈동아일보〉(2001년 7월 12일자), 〈크로스로드〉(2006년 2월호), 〈조선일보〉(2007년 8월 25일자) 등에 시나브로 나노기술의 동향을 소개하였다.

2002년 3월 국내외 나노기술 전문가의 글을 엮어 펴낸 『나노기술이 미래를 바꾼다』는 국내 최초의 나노기술 개론서로서 독자들의 뜨거운 사랑을 받았다.

나노기술과 각별한 인연을 갖고 있는 나로서는 이제 일반 독자들을 위한 최초의 개론서를 펴내는 행운을 누리게 되어 기쁘기 그지없다.

이 책이 아무쪼록 나노기술의 세계로 여행을 떠나는 여러분에게 좋은 길라잡이가 되길 바랄 따름이다.

끝으로 과학기술 도서 출판에 남다른 열의를 가진 고즈윈의 고세규 대표에게 이 책이 행운을 안겨 주게 되길 바라는 마음 간절하다.

2009년 9월 9일
서울 역삼 아이파크에서
이인식

차례

머리말 | 4

1 나노미터의 세계

Chapter 01   원자와 분자 | 12
Chapter 02   생명의 분자 | 20

2 나노기술의 탄생

Chapter 01   바닥에는 풍부한 공간이 있다 | 30
Chapter 02   나노 세계로 떠나는 상상 여행 | 37
Chapter 03   원자를 손으로 만진다 | 43
Chapter 04   버키볼을 발견하다 | 52
Chapter 05   분자기술의 무한한 가능성 | 59
Chapter 06   탄소나노튜브가 나타나다 | 67
Chapter 07   나노기술 시대가 열리다 | 73

3 나노물질

Chapter 01   버키볼과 탄소나노튜브 | 82
Chapter 02   나노입자 | 90
Chapter 03   자연을 본뜨는 나노물질 | 97

4 나노기술과
생명공학기술의 융합

Chapter 01   나노바이오기술 | 108
Chapter 02   나노의학 | 116

5 나노기술의 활용

Chapter 01   정보기술과 나노기술 | 126
Chapter 02   에너지와 나노기술 | 134
Chapter 03   환경과 나노기술 | 140

6 나노로봇

Chapter 01 질병을 고치는 나노로봇 | 148
Chapter 02 뇌 안에서 활동하는 나노로봇 | 156
Chapter 03 냉동인간과 나노로봇 | 163
Chapter 04 나노로봇을 만든다 | 172

7 어셈블러

Chapter 01 어셈블러는 가능한가 | 180
Chapter 02 어셈블러는 위험한가 | 189

더 읽어 볼 만한 책 | 197
찾아보기-인명 | 200
찾아보기-용어 | 201
지은이의 주요 저술 활동 | 205

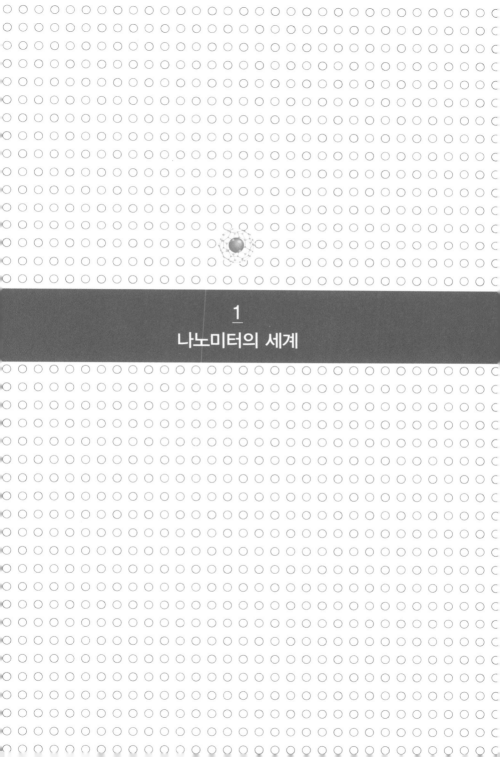

1
나노미터의 세계

원자와 분자

원자

우주에 존재하는 물질을 만들어 내는 근본이 되는 것을 원소라 한다. 원소는 '화학적 방법으로는 그 이상 더 분해할 수 없는 물질'을 의미한다. 자연 상태에서는 금·은·수소·질소·나트륨·알루미늄 등 92종이 발견되었으며 인공적으로 만든 원소도 20종이 있다.

원소는 금속과 비금속으로 분류된다. 철·구리·아연·우라늄 등이 금속이고, 산소·수소·염소·탄소 같은 것이 비금속이다.

모든 원소는 다른 원소와 결합하여 화합물을 만들 수 있다. 또 화학반응을 통하여 화합물을 분해하고 그 속에 포함된 원소를 끄집어낼 수 있다.

이러한 원소들이 각기의 특성을 잃지 않는 범위에서 도달할 수 있는 최소의 입자를 원자라 한다. 원자의 영어 단어(atom)는 '나눌 수 없는'을 뜻하는 그리스어에서 유래한 것이다.

원자는 그 중심에 원자핵이 있고 그 주위를 도는 전자로 이루어진다. 원자핵은 양성자와 중성자로 이루어져 있다. 양성자는 양(+)의 전하를, 전자는 음(-)의 전하를 띠지만 중성자는 전하를 띠지 않는다.

원자핵의 양성자 수와 전자 수는 같다. 양성자의 양전하는 전자의 음전하를 상쇄하기 때문에 원자 자체는 전하를 띠지 않는다. 한편 양성자의 양전하와 전자의 음전하 사이에 전기적으로 끌어당기는 힘이 작용하므로 전자가 원자핵 주위의 정해진 궤도를 따라 움직일 수 있는 것이다.

원자마다 양성자와 전자의 수가 다르다. 가장 간단한 원소인 수소는 양성자 한 개와 전자 한 개만 갖고 있다. 유일하게 중성자를 갖지 않은 원소이다. 자연에서 발견되는 가장 무거운 원자인 우라늄은 양성자 92개, 전자 92개, 중성자 146개를 갖는다.

원자는 너무 작기 때문에 사람의 눈으로는 직접 볼 수 없다. 모든 원자의 지름은 대개 1옹스트롬(Å)보다 약간 큰 정도이다. 스웨덴 물리학자의 이름을 따서 만들어진 단위인 1옹스트롬은 10^{-10}미터이다. 다시 말해 1옹스트롬은 1나노미터(nm)의 10분의 1, 곧 0.1나노미터이다. 1나노미터는 10억 분의 1(10^{-9})미터

원자가 모여 분자가 된다―단백질 분자가 모든 세포를 가득 채우고 있다.

이다. 사람 머리카락 두께의 5만 분의 1이 1나노미터이다. 머리카락 두께는 50,000나노미터인 셈이다.

자연적으로 존재하는 원자 중에서 가장 작은 헬륨은 지름이 0.1나노미터(1옹스트롬)에 가깝다. 가장 큰 원자인 우라늄은 지름이 0.22나노미터 정도 된다. 이처럼 원자는 대부분 크기가 엇비슷하며 1나노미터를 밑돈다.

분자

원자들은 서로 결합하여 새로운 구조를 만드는데, 이러한 원자들의 집합체가 분자이다. 분자는 그 종류가 너무 많아 1천500만 종 이상이 알려져 있을 뿐 아니라 해마다 수백 가지가 새로 발견되거나 만들어진다.

분자를 만드는 데 들어가는 원자의 수는 제한이 없다. 부뚜막의 소금이나 공기 속의 산소는 두 개, 물은 세 개의 원자로 되어 있다. 소금(염화나트륨)은 염소와 나트륨이 각각 한 개씩 조합된 이원자 분자이다. 대기의 산소 분자는 두 개의 산소 원자로 구성된다. 물은 수소 원자 두 개와 산소 원자 한 개로 이루어진 삼원자 분자이다. 우리 몸을 형성하는 단백질 분자는 수백만 개의 원자로 되어 있다.

분자들은 서로 잘 결합하는 상대가 있는 반면에 서로 거부하는 상대가 있다. 분자가 다른 분자를 끌어당겨 서로 결합하는 능력을 '분자 인식'이라 한다. 분자가 특정한 분자를 인식하는 능력을 갖고 있기 때문에 가령 기름이 물 위에 뜨도록하고, 접착제가 달라붙게 할 수 있는 것이다.

또한 분자는 다른 분자들을 인식해서 결합하여 새로운 구조를 만들어 낸다. 예컨대 단백질과 같은 거대한 분자들은 서로를 알아볼 수 있으므로 결합하여 세포를 만들어 내고, 이 세포로부터 더 높은 단계의 생물학적 조직이나 기관이 만들어진다.

분자들은 언제나 에너지가 가장 낮은 쪽을 선호한다. 인접한 분자와 결합해서 에너지가 낮아진다면, 분자들은 서로 결합하려고 한다. 분자들이 에너지를 최소로 하기 위해 서로 결합하여 새로운 구조를 만드는 것을 '자기조립'이라 한다. 자기조립은 분자들이 외부의 개입 없이 스스로 일정한 구조를 형성하여 유지하는 현상이다.

자기조립 능력을 보여 주는 대표적인 사례로는 물방울과 세포를 들 수 있다. 잎에 맺힌 물방울은 액체가 저절로 곡선 모양의 표면을 유지하고 있다. 사람의 세포 안에는 100억 개의 분자를 채워 넣을 수 있는데, 세포는 스스로 수많은 분자를 결합하여 특정한 구조를 만들어 낸다.

10의 제곱수

　우주에 존재하는 만물을 상대적인 크기에 따라 배치할 때 기본적인 단위로는 10의 제곱수가 사용된다. 10배씩 크기가 커지면 우리 주변의 익숙한 장면에서 출발하여 지구와 별자리를 지나 은하가 반짝이는 우주로 향하게 된다. 한편 10배씩 크기가 작아지면 우리가 눈으로 볼 수 있는 세계를 벗어나 살아 있는 세포들을 거쳐 분자와 원자 속으로 들어가게 된다. 요컨대 10의 제곱수에 따라 거대 규모와 미시 규모 사이에서 여행을 할 수 있다. 이 여행은 한 걸음을 옮길 때마다 10배씩 규모가 커지거나 줄어든다.

　먼저 거시세계로 여행을 떠나 본다.

거시세계로 여행을 떠나면 우리가 살고 있는 은하인 은하수를 보게 된다.

1미터(10^0m)에서 100킬로미터(10^5m) 사이에서 공원이나 대도시 같은 대규모의 인공물을 볼 수 있다. 그러나 수천 킬로미터 규모를 벗어나면 인간은 보이지 않게 된다. 10만 킬로미터(10^8m)를 넘어서면 광활한 우주에 혼자 외로이 떠 있는 지구의 전체 모습이 나타난다. 100만 킬로미터(10^9m)에서는 지구의 가장 가까운 이웃인 달이, 1억 킬로미터(10^{11}m)에서는 금성과 화성이, 10억 킬로미터(10^{12}m)에서는 목성이, 100억 킬로미터(10^{13}m)에서는 토성이 보인다. 1000억

미시세계로 여행을 떠나면 DNA 이중나선을 보게 된다.

킬로미터(10^{14}m)에서는 혜성들을, 1조 킬로미터(10^{15}m)에서는 별자리를 볼 수 있다. 10^{16}미터에서는 태양, 10^{21}미터부터는 은하들이 존재한다.

마침내 10^{25}미터의 세계는 우주 공간의 대부분이 비어 있는 것처럼 보이고 먼 은하들의 반짝임은 마치 엉겨 붙은 먼지처럼 보인다. 10^{25}미터에서는 10억 광년 거리에 있는 우주를 보게 되는 것이다.

이제는 미시세계로 여행을 나설 차례이다. 10센티미터(10^{-1}m)는 손 크기 정도의 단위이며, 1센티미터(10^{-2}m)는 엄지손톱 크기의 세계이다. 1밀리미터(10^{-3}m) 단위로부터 미시세계 안쪽으로 눈길을 돌려 보면 우리 몸의 복잡한 기관들이 눈길을 끈다.

1마이크로미터(10^{-6}m)에서는 살아 있는 세포의 핵을, 0.1마이크로미터, 곧 1000옹스트롬(10^{-7}m)에서는 생명의 분자인 디옥시리보 핵산(DNA)을, 100옹스트롬(10^{-8}m)에서는 DNA(디엔에이) 분자의 구조인 이중나선을 보게 된다. 마침내 10옹스트롬, 곧 1나노미터(10^{-9}m)에서는 분자, 1옹스트롬(10^{-10}m)에서는 원자 표면이 눈에 띈다. 1옹스트롬 이하의 세계는 원자의 내부를 보여 준다. 0.1옹스트롬, 곧 10피코미터(10^{-11}m)는 원자의 내부를, 1피코미터(10^{-12}m)는 원자핵을, 1펨토미터(10^{-15}m)는 양성자의 세계를 나타낸다.

10의 제곱수

10^{0}	1	미터	
10^{-3}	1000분의 1	밀리미터	
10^{-6}	100만 분의 1	마이크로미터	세포핵
10^{-9}	10억 분의 1	나노미터	분자
10^{-10}	100억 분의 1	옹스트롬	원자 표면
10^{-12}	1조 분의 1	피코미터	원자핵
10^{-15}	1000조 분의 1	펨토미터	양성자

생명의 분자

디옥시리보 핵산

자연에 존재하는 원소 중에는 생명체를 만드는 데 사용되는 것들이 많다. 동식물 대부분은 전체 무게의 95퍼센트 이상이 수소·산소·질소·탄소의 네 가지 원소로 되어 있다.

자연은 이것들을 여러 가지 형태로 결합하여 분자를 만들고, 단순한 분자로부터 복잡한 분자를 조립하여 세포를 형성하고, 세포로부터 우리 주변에서 볼 수 있는 동식물을 창조해낸다.

사람의 몸 안에 존재하는 분자 중에서 가장 중요한 것은 생명의 본체인 DNA(디옥시리보 핵산)와 생명의 현상인 단백질이라 할 수 있다.

DNA는 유전자의 본체이다. 유전자는 유전 작용을 하는 물질이라는 뜻이다. 모든 생명체는 자식이 그 아비를 닮는다. 어버이의 모양과 성질, 곧 형질이 자식이나 그 아래 세대로 일정한 규칙성을 갖고 전달되는 현상이 유전이다. 유전자는 그 기능 때문에 붙여진 이름일 따름이며 물질적으로는 DNA인 것이다.

DNA는 유전자의 본체이므로 매우 복잡한 물질일 것 같지만, 화학 용어로는 어디까지나 분자이다. 그러나 매우 큰 분자이므로 '거대 분자'라고 부른다. DNA 분자의 폭은 대략 2.3나노미터이다.

DNA는 탄소·산소·질소·인·수소의 다섯 가지 원소로 이루어져 있다. 또한 화학적으로 DNA는 염기·당·인산 등 세 가지 성분으로 구성된 화합물이다. 염기는 아데닌[A]·구아닌[G]·티민[T]·시토신[C] 등 네 가지 분자가 있다.

DNA 분자의 구조는 이중나선이다. DNA에는 매우 긴 사슬이 두 개 있고, 서로 반대 방향으로 향하는 두 개의 사슬이 나선 모양으로 얽혀 마치 사다리처럼 되어 있다. 이중나선이라 부르는 까닭이다. 이중나선은 아메바에서 사람에 이르기까지 모든 생물의 유전자에 공통된 구조이다.

이중나선 구조에서 가장 중요한 것은 사다리의 층계를 만들고 있는 염기의 결합이다. 염기는 다른 사슬의 특정한 상대하고만 짝을 이룬다. 아데닌은 티민과 결합[AT]하고 구아닌은 시토신과 결합[GC]하지만 다른 것과는 결합하지 않는다. 이처럼 염기가 쌍을 이루기 때문에 이중나선의 한쪽 사슬에 어떤 염기가 배열되어 있는지 알면 자동적으로 다른 쪽 사슬의 염기 배열도 알 수 있다.

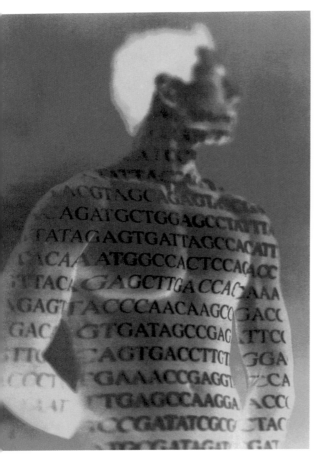

사람마다 DNA 염기 배열이 다르다.

유전자가 서로 다르다는 것은 염기가 서로 다르게 배열되어 있다는 뜻이다. 이러한 DNA 분자 안의 염기 배열을 '유전 정보' 또는 '유전 암호'라고 한다. 이중나선의 사다리 층계에 쓰여진 염기의 배열이 아버지로부터 자식에게 형질을 전달해 주는 역할을 하는 것이다. 요컨대 모든 생물의 설계도는 고작 해야 네 개의 염기 분자에 의해 작성된다.

단백질

생명의 본체는 유전자이지만 생명의 현상은 단백질이다. 사람 몸의 형질을 결정하는 근본이 되는 것은 단백질이기 때문이다.

단백질은 생물체 안에서 수행하는 기능이 믿기지 않을 정도로 다양하다. 단백질은 뼈나 근육 등 생체의 구조를 조립하는 구조 단백질, 혈액 안에서 산소를 운반하는 헤모글로빈처럼 세포 사이에서 물질을 나르는 수송 단백질, 체내로 침입한 병원균을 탐지하여 제거하는 방어 단백질(항체), 세포 안에서 일어나는 화학반응의 속도를 조절하는 촉매 단백질(효소) 등 그 종류가 다양하다. 이러한 기능은 단백질이 특별한 3차원적 형태로 접혀 있을 때 비로소 발휘된다. 단백질 고유의 전체 형태(입체 구조)가 조금이라도 바뀌면 단백질의 성질은 엉뚱하게 바뀌어 버린다. 단백질이 자발적으로 자기의 입체 구조를 만드는 것을 '자기조직화' 능력이라 한다.

또한 단백질은 여러 개의 다른 단백질과 자발적으로 집합하여 특정한 구조를 조립해 낸다. 이러한 '자기조립' 현상에 의해 만들어진 구조가 생명체이고, 사람이고, 바퀴벌레이다.

사람의 세포에는 수만 종류의 단백질이 있다. 그러나 어떠한 단백질 분자도 겨우 20종류의 아미노산으로 만들어진다. 특정의 아미노산을 특정의 배열 순서로 결합시키면 단백질이 합성된다.

단백질은 DNA가 갖고 있는 유전 정보, 곧 DNA의 염기 배열을 바탕으로 하여 만들어진다. DNA의 염기 배열에 의해 단백질의 아미노산 배열이 결정되는 것이다.

단백질은 세포 안에 있는 리보솜 위에서 합성된다. 리보솜은 단백질을 제조하는 공장이다. 다시 말해 리보솜은 DNA의 염기 배열(생산 지령서)에 따라 20개의 서로 다른 아미노산(원료)만을 사용하여 마치 공작기계가 명령에 따라 금속을 깎아 내는 것처럼 단백질(제품)을 만들어 내는 공장이다. 리보솜은 박테리아보다 약간 무거운 질량을 가진 소규모 화학 공장이지만 적절한 생산 지령만 주어지면 다른 거대한 분자구조의 배열을 만들 수 있는 단백질 제조 공장이다.

단백질은 대개 300~1,000개 정도의 아미노산이 연결되어 있다. 100개의 아미노산으로 구성된 단백질의 경우, 20종류의 아미노산을 사용하여 100개의 아미노산을 배열하는 방법

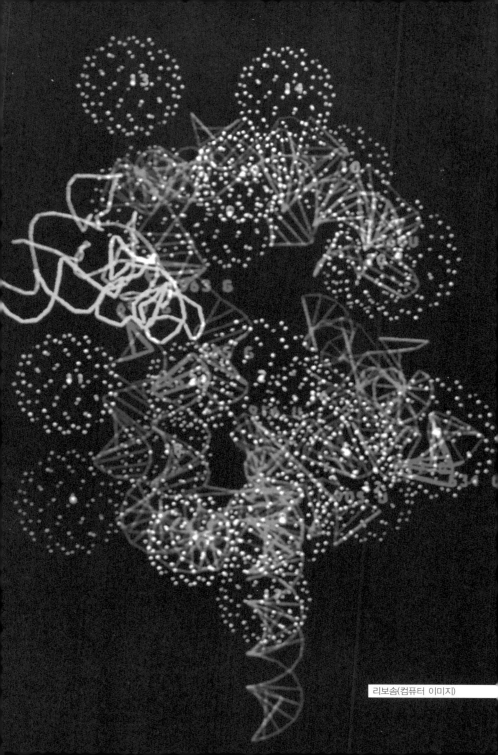

리보솜(컴퓨터 이미지)

은 무려 20^{100}가지라는 상상을 초월하는 천문학적인 조합이 가능하다. 이러한 아미노산의 배열을 결정하는 것은 물론 유전자(DNA)이다. 어버이의 세포가 가진 유전 정보(DNA 염기 배열)를 바탕으로 하여 자손 몸의 형질을 결정하는 단백질이 만들어지기 때문에 유전이 가능해지는 것이다.

유전자 지도

유전자는 세포의 핵 속에 들어 있다. 특히 핵 안의 염색체 위에 존재한다. 염색체는 몸의 세포가 두 개의 세포로 분열하여 증식될 때 핵 속에 나타나는 막대 모양의 물질이다.

생물은 제각기 고유의 염색체를 갖고 있다. 사람의 경우 세포마다 23쌍(46개)의 염색체를 갖고 있다. 46개의 염색체 안에는 30억 개에 이르는 염기쌍이 들어 있다. 인간의 게놈(유전체)은 30억 쌍이나 되는 염기의 배열로 이루어져 있는 셈이다. 게놈이란 한 생물체가 지닌 모든 유전 정보의 집합체를 의미한다. 따라서 유전의 비밀을 밝혀내려면 각각의 염기쌍이 어떤 구조를 갖고 있으며 어떤 염색체에 배열되어 있는지 알아내야 한다. 다시 말해 30억 쌍의 염기를 해독하여 어떤 유전자가 어느 염기 배열에 위치하는지를 보여 주는 이른바 '유전자 지도'를 만들어야 한다.

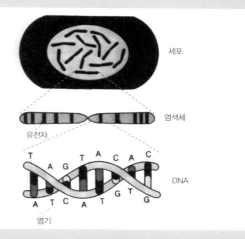

세포

염색체

유전자

T A G T A C A C
DNA

A T C A T G T G
염기

유전자와 염색체–사람의 염색체 안에는 30억 개의 염기쌍이 들어 있다.

1990년 미국을 비롯한 18개국은 유전자 지도를 작성하기 위해 '인간 게놈 프로젝트'를 시작했다. 2003년 4월 마침내 100퍼센트 완성된 게놈 지도가 발표되었다. 인체의 유전자 지도가 완성됨에 따라 생명의 설계도가 조물주로부터 사람의 손으로 넘겨진 셈이다.

유전자 지도를 통해 각종 생명 현상을 이해할 수 있으므로 질병과 노화가 일어나는 이유를 알 수 있게 된다. 요컨대 유전자의 이상 유무를 사전에 검사하여 개인이 어떤 유전성 질환에 걸릴 위험이 있는지 알아낼 수 있다. 유전자 검사로 개인이 지닌 질병 유발 유전자를 확인할 수 있게 됨에 따라 21세기에는 유전병의 치료는 물론 예방까지 가능하게 될 것으로 보인다.

2
나노기술의 탄생

바닥에는 풍부한 공간이 있다

엄청나게 작은 세계

1959년 12월 29일, 미국 물리학회 주최로 캘리포니아 공과대학에서 열린 강연회에서 40대 초반의 대학교수가 〈바닥에는 풍부한 공간이 있다〉는 제목의 연설을 하고 있었다. 연사는 1965년 양자역학 연구로 노벨상을 받게 되고 1985년 펴낸 『파인만 씨, 농담도 잘하시네!』가 세계적 베스트셀러가 되어 미국 특유의 독창적인 인물로 알려진 리처드 파인만(1918~1988)이었다.

파인만은 "나는 미개척 분야에 대해 말하고자 합니다. 엄청난 성취를 이룰 수 있는 분야지요."라고 청중의 호기심을 유발한 뒤 강연을 이어 간다.

"내가 말하고자 하는 것은 아주 작은 규모의 물질을 다루고 제어하는 문제입니다. 내가 이렇게 말하면 사람들은 소형화를 떠올리고, 오늘날 소형화가 얼마나 진보했는지 잘 알고 있다고 말합니다. 그들은 내게 손톱 크기보다 작은 전기모터에 대해 말하죠. 그리고 어떤 장치가 이미 시장에 나왔는데, 그것으로 주기도문을 핀 머리에 기록할 수 있다고 말합니다. 그러나 그 정도는 아무것도 아닙니다. 그 정도는 내가 말하고자 하

리처드 파인만

는 것에 비하면 너무나 원시적이지요. 내가 말하고자 하는 것은 엄청나게 작은 세계에 대해서입니다. 서기 2000년이 되어 과거를 돌아볼 때 사람들은 왜 1960년대에야 비로소 진지하게 이 방법으로 나아가기 시작했는지를 의아해할 것입니다."

파인만은 "우리는 브리태니커 백과사전 24권 전체를 왜 핀 머리에 기록할 수 없을까요?"라고 질문을 던지고 스스로 그 해답을 제시한다.

"핀 머리의 지름은 약 1.6밀리미터입니다. 이것을 25,000배 확대하면 브리태니커 백과사전을 모두 펼쳐 놓은 넓이와 같

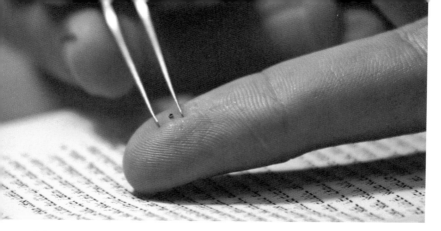

리처드 파인만은 브리태니커 백과사전을 핀 머리에 기록하는 방법을 상상했다.

아요. 따라서 백과사전에 기록된 모든 것을 25,000배 축소해서 기록하면 됩니다. 그런데 이게 가능할까요? 우리 눈의 해상력은 약 0.2밀리미터입니다. 이것은 대략 백과사전 인쇄의 작은 점 하나의 지름과 같습니다. 이것을 25,000배 축소해도 지름이 80옹스트롬이나 되는데, 보통 금속은 이만한 직경에 원자 32개가 들어갑니다. 다시 말해서, 이런 점 하나의 넓이에는 원자가 1,000개나 들어갈 수 있죠. 따라서 각 점을 사진 조판에 필요한 크기로 맞추는 것은 간단한 일이고, 브리태니커 백과사전 전체를 핀 머리에 새길 여유가 충분하다는 것은 의문의 여지가 없습니다."

원자를 다시 배열한다

파인만은 브리태니커 백과사전을 핀 머리에 쓰는 여러 방법을 설명하고 생물체가 엄청난 양의 정보를 극단적으로 작은 공간에 담을 수 있다는 사실을 강조한다.

"이 모든 정보, 우리가 어떤 색깔의 눈을 가졌고, 어떤 생각을 하고, 태아 단계에서 작은 구멍을 가진 턱뼈가 먼저 발달하는데 그 구멍 안에서 훗날 신경섬유가 자랄 수 있게 한다는 것에 이르기까지, 이 모든 정보가 아주 작은 세포 하나 속에 있는 사슬 형태의 DNA에 담겨 있습니다."

이어서 파인만은 세포 크기의 물체를 만들 수 있게 될 날을 꿈꾼다.

"많은 세포들은 아주 작지만, 매우 활성적이며, 다양한 물질을 만듭니다. 또한 걸어 다니고, 요동치며, 매우 작은 규모로 온갖 신기한 일들을 합니다. 정보를 저장하기도 하지요. 우리도 원하는 것을 그렇게 작은 규모로 만들 수 있는 가능성에 대해 생각해 봅시다. 그러한 규모에서 움직이는 물체를 우리가 만들 수 있다면!"

그는 먼저 컴퓨터를 아주 작은 규모로 만들고 싶다고 말했다.

"컴퓨터는 방을 가득 채웁니다. 왜 우리는 컴퓨터를 아주 작게 만들 수 없을까요? 작은 전선, 작은 부품으로, 아주 작게 말입니다. 예를 들어, 전선은 지름이 10~100옹스트롬이 되어야 하고, 회로는 폭이 수천 옹스트롬이 되어야 합니다."

이어서 파인만은 사람의 몸속에서 돌아다니는 기계를 꿈꾸었다.

"외과 의사를 꿀꺽 삼킬 수 있다면 아주 재미있는 일이 벌어질 것입니다. 기계 의사를 혈관 속에 넣으면, 이것은 콩팥으로 가서 둘러봅니다. 물론 외부에서 정보를 받아야 합니다. 콩팥의 어느 판막이 고장인지 찾아내서 작은 칼로 잘라 냅니다. 다른 작은 기계들을 영구적으로 몸속에 집어넣어서 제대로 작용하지 않는 기관을 대신할 수도 있습니다."

그렇다면 어떻게 이런 작은 기계를 만들 수 있을까? 파인만은 그 방법으로 원자를 다시 배열하는 것을 제시한다.

"아주 먼 미래의 일이겠지만, 궁극적으로 원자를 우리 마음대로 배열하는 것이 그것입니다. 다름 아닌 원자 수준까지 내려가기! 원자 하나하나를 우리가 원하는 곳에 배열할 수 있다면 어떤 일이 일어날까요? 물론 가능한 위치에 배열해야 합니다."

파인만은 원자 수준에서 기계를 만들게 될 날이 올 것을 확신했다.

"앞에서 말했듯이, 나는 생물학적 현상에서 영감을 받습니다. 화학적 힘은 반복적으로 이용되어 온갖 불가사의한 결과를 만들어 냅니다. 나 자신도 그 결과 가운데 하나입니다. 내가 아는 한, 물리학 법칙을 지키면서도 원자 단위로 물질을 조정할 수 있는 가능성이 분명 있습니다. 적어도 이론적으로는, 화학자가 적어 준 공식에 따라 물리학자가 화학물질을 조립하는 일도 가능합니다.

궁극적으로 우리는 화학 합성을 할 수 있습니다. 어떤 화학자가 우리에게 와서 말합니다. '이보게, 나는 원자가 여차저차하게 배열된 분자가 하나 필요해. 이 분자 좀 만들어 주게.' 분자를 만들고자 하는 화학자는 신비한 일을 합니다."

파인만의 연설은 마무리 단계에 들어서면서 목소리는 더욱 커진다.

"화학자가 기록한 화학식 그대로 물리학자가 어떤 물질이든 합성하는 것이 이론적으로, 내가 보기에, 가능하다는 것은 아주 흥미로운 일입니다. 지시만 내리면 물리학자가 척척 합성할 수 있습니다. 어떻게일까요? 화학자가 알려 주는 곳에 원자를 하나씩 놓다 보면 물질을 만들 수 있는 겁니다. 우리가 작업을 눈으로 직접 볼 수 있고, 그것도 원자 수준에서 작업할 수 있다면, 화학과 생물학이 안은 문제 중 상당수가 해소될 것입니다. 나는 이런 발전이 필연적으로 이루어지리라 생각합니다."

파인만은 연설을 끝내면서 과학자들에게 원자를 마음대로 배열하여 새로운 성질을 가진 물질을 만드는 연구에 나설 것을 제안했다. 그러나 참석자들은 농담으로 받아들였다.

극미한 분자 세계를 우주의 공간처럼 광대한 영역으로 상상한 파인만의 선견지명은 실로 놀라운 것이었다. 분자 규모의 기계를 만들 수 있다고 예언한 파인만의 강연은 훗날 나노기술의 영감을 최초로 불러일으킨 것으로 역사에 기록된다.

과학이란 무엇인가

리처드 파인만은 과학자 중에서도 창의성이 남다른 인물로 손꼽힌다. 그는 과학을 다음과 같이 정의했다.

"과거로부터 전해진 것이 진정 올바른 것인지 의심하는 것, 그리고 처음으로 돌아가서 직접 경험을 통해 재발견하는 것, 전해 내려온 과거의 경험을 그대로 믿지 않고 실제 상황을 파악하는 것, 이것이 바로 과학입니다."

파인만은 과학의 특성의 하나는 "합리적 사고의 가치를 가르치는 것"이며 또한 "사고의 자유가 얼마나 중요한지도 가르친다"고 말했다.

1966년 4월 미국 전국과학교사 협회에서 〈과학이란 무엇인가?〉라는 제목의 강연을 하면서 파인만은 다음과 같이 과학을 정의하였다.

"현장에서 진짜로 아이들을 가르치는 선생님인 여러분은 때때로 전문가를 의심할 줄 알아야 합니다. 전문가를 의심해야 한다는 것을 과학에서 배우십시오. 사실상 나는 다른 방식으로 과학을 정의할 수 있습니다. 즉, 과학은 전문가가 무지하다는 것을 믿는 것입니다."

파인만은 강연을 끝내면서 "앞 세대의 위대한 스승들이 전혀 오류가 없다는 믿음이 위험할 수도 있다는 교훈을 내포하고 있는 학문은 과학밖에 없습니다."라고 강조하였다.

나노 세계로 떠나는 상상 여행

영화 속의 나노 세계

인류는 우주 만물에 대한 완전한 지배를 꿈꾼다. 1957년 우주를 정복하기 위해 최초의 인공위성인 스푸트니크를 쏘아 올린 인류에게 아직 탐험해 보지 못한 활동 공간의 하나는 사람의 몸속이었다. 1959년 리처드 파인만은 인체 안으로 기계 의사를 집어넣어 질병을 치료하게 될 것이라고 상상했다.

과학자들이 이러한 꿈을 실현시키기 전에 예술가들이 먼저 나섰다. 1966년 미국에서 〈환상 여행〉이라는 영화가 개봉된 것이다. 아주 작은 크기로 축소된 의사들은 환자의 몸속으로 들어가서 분자 크기로 만들어진 잠수정을 타고 혈류를 따라 항해하면서 환자의 뇌에서 생명을 위협하는 핏덩어리를 제거한다.

영화 〈환상 여행〉에서 축소된 사람들이 환자의 혈관 속을 헤엄쳐 다니고 있다.

20여 년이 지나서 〈환상 여행〉의 주제를 좀 더 실감나게 묘사한 〈이너스페이스(몸 안의 공간)〉가 개봉된다. 1987년 스티븐 스필버그(1946~) 감독이 제작한 이 영화는 사람 몸 안에서 일어나는 갖가지 포복절도할 사건으로 구성되어 있다.

축소 기술을 사용하여 잠수정을 특수제작 한다. 초소형 잠수정에는 역시 축소된 조종사가 타고 있다. 이 잠수정은 실험용 토끼 안으로 주입되기 위해 주사기 속으로 옮겨진다. 그러나 축소 기술을 훔치려는 악당 때문에 소동이 벌어져 초소형 잠수정은 엉뚱하게 토끼 대신에 어떤 청년의 몸 안으로 주입되고 만다. 이 청년은 소동이 일어나는 현장에 서 있다가 엉겁결에 주사기에 찔린 것이다.

잠수정 조종사는 자신이 토끼가 아니라 사람의 몸 안에 들어온 것을 알아차리고 이 청년과 대화를 시도한다. 청년의 청각 신경에 수신 장치를 달아 놓고 몸 안에서 대화를 나누게 된다.

잠수정 조종사는 자신의 여자 친구에게 도움을 청하기 위해 청년에게 여자 친구를 찾아가 줄 것을 부탁한다. 그러나 청년과 조종사의 여자 친구는 악당들에게 붙잡히고 만다. 조종사는 청년의 입을 통해 자신과 여자 친구의 추억을 이야기한다. 여자 친구는 청년을 자신의 애인으로 착각하고 입을 맞추게 되는데, 이때 청년 몸속의 잠수정 조종사는 여자 친구의 몸으로 들어간다. 조종사는 여자 친구의 자궁 안에 자신의 아이가 들어 있음을 알고 기뻐한다.

잠수정 조종사는 여자 친구에게 청년과 키스를 하도록 하여 다시 청년의 몸 안으로 되돌아온다. 그러나 청년의 위장 안에는 악당들이 집어넣은 잠수정이 기다리고 있었다. 두 잠수정은 결사적으로 싸운 끝에 악당 쪽이 패배한다.

잠수정 조종사는 청년의 몸 밖으로 나오기 위해 그에게 재

영화 〈이너스페이스〉

채기를 해 줄 것을 부탁한다. 청년이 재채기를 할 때 나오는 침방울에 섞여서 몸 밖으로 튕겨져 나오는 데 성공한다. 잠수정과 조종사가 다시 원래의 크기로 되돌아오면서 이 영화는 끝난다.

〈이너스페이스〉는 초소형 잠수정이 사람 몸속에서 자유자재로 활약하는 모습을 묘사하여 나노기술의 세계를 상상한 대표적인 영화로 자리매김되었다.

소설 속의 나노 세계

〈환상 여행〉이 상영될 즈음에 극미한 분자 세계에서 물질을 조작하는 장면이 시나브로 과학소설에 나타나곤 했다.

1965년 프랭크 허버트(1920~1986)의 소설 『모래언덕(사구)』

을 보면 나노기술의 핵심 개념인 원자 조작이 상세히 묘사되어 있다.

> 그 물질들은 그녀 내부에서 춤추듯 돌아다니는 입자였다. (……) 그녀는 그 구조를 잘 알고 있었다. 원자 결합이었다. 탄소 원자는 여기에. 흔들거리는 나선형. (……) 포도당 분자. 분자의 전체 사슬 구조가 바로 앞에 마주해 있었고 제시카는 그것이 단백질 구조 형태임을 깨달았다. (……) 제시카는 그 속으로 이동했다. 산소 조각 하나를 옮겨 다른 탄소 조각이 연결될 수 있도록 한 뒤 산소 구조를 다시 붙였다. 이제는 수소였다.

1985년 그레그 베어(1951~)의 장편소설인 『블러드 뮤직(피의 음악)』이 발표되었다. 나노기술 문학의 효시로 평가되는 이 소설에는 지능을 가진 세포가 나온다. 이 세포가 유행병처럼 번져 나가 인류를 파괴함과 동시에 초자연적인 변화를 일으켜 인간을 새로운 존재로 개조한다.

그레그 베어는 1990년 『천사들의 여왕』, 1997년 그 후속작인 『슬랜트(비탈)』를 펴낸다. 두 소설 모두 나노기술의 위력을 유감없이 보여 준다. 『천사들의 여왕』에서 나노 크기의 기계는 사람의 신체를 변경시킬 뿐만 아니라 정신적 질환까지 치료한다. 『슬랜트』에서 나노 크기의 로봇은 소화기 분말 거품처럼 깡통에서 퍼져 나간 뒤 건물창고의 물건들을 해체하고 원자를 재조립해서 로봇 무기를 만들어 내기도 한다.

『천사들의 여왕』처럼 나노기술에 의해 완전히 바뀐 인류 사회를 묘사한 걸작은 닐 스티븐슨(1959~)의 1995년 작품인 『다이아몬드 시대』이다. 이 소설에는 각종 나노기계가 등장한다. 사람의 두개골 속에 설치되는 해골총, 공기 중에 떠다니는 초소형 비행장치, 근육·척추·뇌 안에서 활동하며 서로 연결되어 정보를 주고받는 나노벌레 등이 출몰한다.

2002년 마이클 크라이튼(1942~2008)이 펴낸 『먹이』는 작가 고유의 상상력으로 꾸며진 다른 작가들의 작품들과는 달리 나노기술의 이론을 액면 그대로 채택하여 나노기술이 인류에게 재앙을 안겨 주는 상황을 묘사한다. 나노 크기의 로봇이 떼를 지어 몰려다니면서 사람을 먹이로 먹어 치우는 결말을 통해 크라이튼은 나노기술이 인류에게 파멸을 몰고 올지 모른다는 경고를 하고 싶었는지 모른다.

원자를 손으로 만진다

광학현미경

원자나 분자 단위의 세계는 너무나 미세하여 아무리 좋은 광학현미경으로도 볼 수 없는 영역이었다.

광학현미경은 렌즈를 이용하여 빛을 굴절시켜 확대된 상을 얻는다. 최초의 광학현미경은 네덜란드의 차하리아스 얀센 (1580~1638)이 만든 것으로 알려졌다. 얀센은 어렸을 때부터 안경 제조업자였던 아버지의 일을 도우면서 갖가지 작은 렌즈를 사용하여 작은 물체를 크게 보이게 하는 실험을 하였다. 실험 도중에 오목렌즈의 확대 효과가 다른 렌즈를 곁들이면 배로 커진다는 사실을 깨달았다. 1590년 그들은 두 개의 렌즈와 세 개의 관으로 이루어진 장치를 제작했다. 최초의 현미경이 만들어진 것이다. 여러 개의 렌즈를 이용하여 상을 얻기

안토니 반 레벤후크. 얀 베르콜리에의 그림

때문에 복합현미경이라고 한다.

얀센이 발명한 현미경은 확대 배율이 50~150배에 불과했다. 초창기에 이 단점을 보완한 사람은 네덜란드의 안토니 반 레벤후크(1632~1723)이다. 그는 포목상이었지만 독학을 하여 어느 과학자도 이루기 어려운 발견을 해냈다. 그가 직접 만든 현미경은 성능이 뛰어나서 300배까지 확대할 수 있었다. 이 장비들을 사용하여 수많은 발견을 했다. 레벤후크는 최초로 단세포 식물과 동물, 박테리아, 남자의 정자 등을 관찰하고 묘사했다. 그는 현미경으로밖에 볼 수 없는 미생물의 세계를 최초로 관찰한 인물이다.

　모든 현미경은 저마다 구별해 낼 수 있는 가장 작은 물체의 크기, 곧 해상도에 한계가 있다. 이 한계는 물체의 평면상을 추적하는 데 사용되는 광선이 가지는 파동의 성질에 의해 결정된다. 광학현미경은 끊임없이 기능이 개선되어 마침내 빛으로 볼 수 있는 한계에 도달했다. 말하자면 광학현미경으로 판별이 가능한 물체는 가시광선의 파장보다 반드시 크지 않으면 안 되었다. 다시 말해 크기가 빛의 파장보다 작은 물체는 광학현미경으로 그 모양을 구별할 수 없다. 그 한계는 크기가 대략 500나노미터인 물체를 약 2,000배의 배율로 보는 정도이다.

전자현미경

　광학현미경의 한계를 뛰어넘는 방법은 빛보다 훨씬 작은 파동 입자를 이용하는 것이다. 빛 대신 전자를 이용하여 상을 얻는 전자현미경이 발명되기에 이르렀다. 전자는 극히 짧은 파장을 가진 파동처럼 움직일 수 있다. 전자들이 빠르게 움직일수록 그 파장은 짧아지고 현미경의 배율은 더 높아진다. 전자현미경은 배율을 약 20만 배까지 높일 수 있다.

1933년 전자현미경을 발명한 독일의 전기공학자인 에른스트 루스카(1906~1988)는 1986년 노벨 물리학상을 받았다. 노벨상 시상식에서 스웨덴 왕립과학원이 그의 공적을 요약하여 발표한 연설문의 일부를 옮긴다.

"생물학이나 의학에서 현미경의 중요성은 이론의 여지가 없지만 현미경이 물질의 본질적 특성을 연구할 수 있는 수단이 되지는 못했습니다. 그것은 현미경으로 볼 수 있는 미세구조의 크기에 한계가 있기 때문입니다. 대양의 파도가 작은 물체에는 전혀 영향을 받지 않고 방파제처럼 커다란 물체에만 영향을 받는 것처럼 빛으로는 극히 작은 물체의 상을 만들지 못합니다. 그 한계는 빛의 파장에 의해 결정되며 약 0.0005밀리미터가 그 한계입니다. 원자는 이보다 1,000배 정도 더 작기 때문에 원자를 보기 위해서는 무언가 본질적으로 다른 새로운 것이 필요했습니다.

그 새로운 것이 바로 전자현미경이었습니다. 전자현미경은 적당히 만든 짧은 코일에 전류를 흘리면 렌즈가 빛을 굴절시키듯 전자를 굴절시키는 원리를 이용한 것입니다. 이 코일을 이용하면 전자들이 조사(照射)된 물체의 확대된 상을 만들 수 있으며, 이 상을 형광판이나 사진필름에 기록할 수 있습니다. 현미경에서 여러 개의 렌즈가 사용되듯이 전자현미경에서는 여러 개의 코일들이 사용됩니다. 빛보다 훨씬 짧은 파장을 가진 전자들을 사용하는 현미경은 따라서 훨씬 미세한 크기까지 관찰할 수 있습니다. 전자현미경 개발에 가장 기여한 과학자는 에른스트 루스카 교수였습니다. 그는 1933년 광학현미경보다 월등히 뛰어난 성능을 가진 최초의 전자현미경을 만들었습니다."

주사터널링현미경

1986년 노벨 물리학상은 루스카 교수와 함께 다른 두 사람에게도 수여되었다. 독일의 물리학자인 게르트 비니히(1947~)와 스위스의 물리학자인 하인리히 로러(1933~)이다. 이들은 1981년 주사터널링현미경(STM)을 발명한 공로를 인정받은 것이다.

STM은 전통적인 현미경과는 거리가 아주 먼 기술을 사용한다. 손가락을 앞뒤로 움직여 점자를 읽어 가듯이 원자 크기 정도로 뾰족한 탐침으로 물체의 표면을 찬찬히 훑어가며 주사(走査)하여 표면의 정보를 획득한 다음에 컴퓨터로 영상을 구성해 내면 눈으로 볼 수 있게 된다. 물체의 표면을 눈으로 보는 대신 손으로 만져서 관찰하는 기술이라 할 수 있다.

STM의 원리는 지극히 간단하다. 탐침 끝이 물질 표면에 거의 닿을 정도, 곧 수 옹스트롬 정도로 접근한 순간 둘 사이에 전압을 걸어 준다. 탐침이 물질 표면에 실제로 닿지 않았기

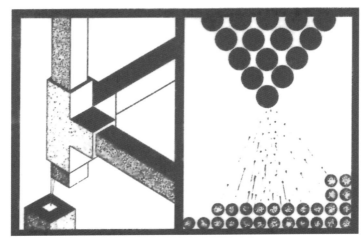

주사터널링현미경은 바늘 끝이 움직이면서 물질의 표면을 주사하는 동안에
그 틈 사이를 관통하는 전자의 흐름을 측정하여 원자를 눈으로 볼 수 있다.

때문에 둘 사이에는 전류가 흐를 수 없다. 그러나 나노미터
크기의 세계에서는 전자들이 둘 사이를 가로질러 관통하면서
측정 가능한 전류를 발생시킨다. 따라서 바늘 끝이 움직이면
서 표면을 주사하는 동안에 발생되는 전류의 변화를 측정하
여 표면의 구조를 나노미터 수준에서 밝혀낼 수 있다. 스웨덴
왕립과학원이 노벨상을 수여하게 된 공로를 요약한 연설문의
일부이다.

　"현미경은 인간의 눈을 확장한 것이라고 할 수 있습니다.
그러나 시각만이 우리가 주변을 인식하는 유일한 감각은 아
닙니다. 또 다른 감각으로는 촉각을 들 수 있습니다. 현대 기

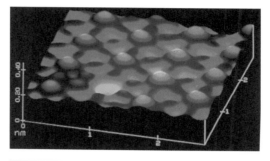

주사터널링현미경으로 보는 원자의 세계

술로 촉감을 이용한 장비를 만들 수 있었습니다. 말하자면 일종의 기계 손가락 같은 것입니다. 그 손가락은 매우 미세한 바늘로 탐색하고자 하는 표면을 더듬습니다. 표면을 더듬어 지나가면서 바늘의 수직 방향 움직임을 기록하면, 일종의 표면 형상을 얻을 수 있는데, 이것은 전자현미경에서 얻는 상과 원리상 동일합니다. 물론 이 방법은 현미경을 이용하는 것보다 더 거친 방법이고, 어느 누구도 이 분야에서 혁명적인 발전이 있으리라고 기대하지 못했습니다. 그러나 두 가지의 본질적인 개선으로 돌파구가 마련되었습니다.

이 중 가장 중요한 것은 바늘의 끝을 표면으로부터 매우 가깝지만 똑같은 거리를 유지해서 바늘과 표면의 기계적인 접촉을 막는 방법의 개발이었습니다. 여기에는 터널링 효과를 사용합니다. 바늘 끝과 표면 사이에 전압을 걸어 바늘과 표면 사이에 기계적 접촉은 없지만 거리가 충분히 가까우면 전류가 흐르게 만드는 것입니다. 이 전류의 크기는 거리에 매우 민감하기 때문에 바늘을 표면으로부터 매우 작지만 일정한 거리(보통 2~3 원자 지름)만큼 떨어뜨려 유지시킬 수 있습니다.

또 다른 결정적인 개선은 바늘 끝에 몇 개의 원자만이 존재하는 극히 미세한 바늘을 만드는 것입니다. 이런 미세한 바늘 끝이 표면을 몇 개의 원자 지름만큼 거리를 두고 탐색하므로 표면의 미세한 원자구조를 기록할 수 있는 것입니다. 이것은 마치 우리가 극히 미세한 손가락으로 표면을 느끼는 것과 같습니다."

이러한 방법으로 STM을 발명한 비니히와 로러는 "물질의 원자구조를 가시화하려는 고대로부터의 오랜 꿈을 실현"한 공로로 노벨상을 받게 된다.

1986년 비니히는 캘빈 퀘이트와 함께 STM보다 원리가 더 간단한 원자힘현미경(AFM)을 발명한다. AFM은 STM과 달리 기계적 접촉으로 물질 표면의 윤곽을 감지한다. 탐침이 표면에 살짝 닿아서 원자 위로 지나갈 때, 원자 하나의 굴곡에 따라 생기는 바늘의 움직임을 감지할 수 있기 때문에 STM으로 불가능한 절연체 물질의 표면을 탐지할 수 있다.

나노기술의 원년

주사터널링현미경은 물질 표면의 분자나 원자를 살펴보는 데 그치지 않고 이들을 변형시킬 수 있음이 확인되었다. 1990년 미국 컴퓨터 회사인 IBM의 연구진들은 STM으로 35개의 크세논 원자를 정확하게 배열하여 5나노미터 높이로 회사 이름의 글자를 만들었다. I자는 크세논 원자 9개, B와 M자는 각각 13개씩을 사용했다.

이와 같이 목동이 양 떼를 몰듯이 STM으로 원자 하나하나를 원하는 곳에 갖다 놓을 수 있게 됨에 따라 나노기술의 시대가 열리게 되었기 때문에 1990년은 나노기술의 원년으로 자리매김되었다.

주사터널링현미경으로 만든 미국 IBM 로고

버키볼을 발견하다

세 번째 탄소 분자 결정체

우리가 알고 있는 화학물질 중에서 열에 아홉은 그 속에 탄소를 갖고 있다. 탄소는 선사시대 이래로 석탄, 그을음, 숯으로 알려져 왔다. 탄소가 없다면 연필도 없고 DNA나 단백질도 없다. 탄소는 생명에 필수적인 원자인 것이다.

18세기 말에는 흑연과 다이아몬드가 탄소 분자 결정체라는 사실이 밝혀졌다. 두 물질은 같은 원자로 이루어졌지만 단단한 정도가 크게 다르다. 다이아몬드는 탄소가 3차원적으로 강하게 결합되어 있으므로 단단하지만, 흑연은 그렇지 않기 때문에 연필심처럼 단단하지 않다. 이처럼 다이아몬드와 흑연은 동일한 원자로 이루어졌지만 원자의 배열이 다르기 때문에 하나는 보석이 되고 하나는 소모품이 된 것이다.

리처드 스몰리

1985년 다이아몬드와 흑연에 이어 세 번째 탄소 분자 결정체가 발견되었다. 미국의 리처드 스몰리(1943~2005)와 로버트 컬(1933~), 영국의 해럴드 크로토(1939~) 등 세 명의 화학자는 탄소 원자 60개가 자기조립하여 축구공처럼 둥근 구조를 형성한 탄소 분자(C_{60})를 발견한 것이다. 이 구조는 1967년 몬트리올 세계박람회를 위해 미국의 건축가인 벅민스터 풀러(1895~1983)가 설계한 지오데식 돔과 비슷하게 생겼기 때문에 그의 이름을 따서 벅민스터풀러렌이라 명명했으며, 이를 줄여 '풀러렌' 또는 '버키볼'이라 부른다.

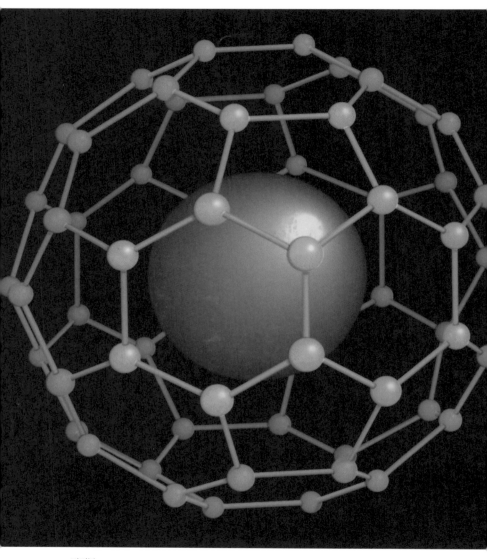

버키볼

버키볼을 발견한 세 사람은 1985년 11월 영국의 과학전문 지인 『네이처』에 논문을 발표했다. 그 논문의 첫 부분에는 그들이 발견한 새로운 탄소 분자 결정체에 대해 다음과 같이 설명되어 있다.

"별들 사이에서 혹은 별 근처에서 긴 사슬 모양의 탄소 분자가 형성되는 과정을 이해할 목적으로 실험을 하는 과정에서 레이저를 쪼여 흑연을 증발시켰고, 그 결과 60개의 탄소로 이루어진 놀랍도록 안정된 결정체를 만들게 되었다."

버키볼은 별 사이의 먼지 속에 존재하며 지구의 지질층에서도 발견된다. 촛불이 타오를 때 탄소와 수소, 산소가 섞여 만들어진 분자들이 나오는데, 이때 촛불의 노란 불꽃 부분의 뜨겁게 타오르는 검은 연기 속에 버키볼이 들어 있다. 버키볼은 수천 년 전부터 자연에 존재했지만 1985년 세 명의 화학자에 의해 처음 발견된 것이다.

1990년대부터는 과학자들이 탄소 원자를 증발시켜 버키볼을 대량으로 생산해 낼 수 있게 되었다.

풀러렌은 아름답다

1996년 노벨 화학상은 풀러렌을 발견한 세 사람의 화학자에게 돌아갔다. 노벨상을 수여하는 자리에서 스웨덴 왕립과학원이 그들의 공적을 요약하여 발표한 연설문의 일부를 옮긴다.

"벅민스터풀러렌에 있는 탄소 원자가 어떻게 서로 연결되어 있는지 이해하려면 축구공 표면의 무늬를 연상할 필요가 있습니다. 이 공은 12개의 검은색 오각형과 20개의 흰색 육각형이 서로 같은 도형끼리는 접하지 않는 형태로 꿰매져 있어서 60개 꼭짓점을 가진 대칭적 구조가 됩니다. 이제 60개 꼭짓점 각각에 탄소 원자를 위치시키면 벅민스터풀러렌이 어떤 모양인지 알 수 있습니다. 비록 축구공보다 3억 분의 1 정도로 작지만 말입니다.

벅민스터풀러렌, 곧 C_{60}의 발견은 레이저로 50억 분의 1초 안에 탄소의 아주 적은 양을 기화시키는 첨단 장비의 사용으로 이루어졌습니다. 뜨거운 탄소 기체가 농축되면 여러 개의 탄소 원자를 포함하는 덩어리들이 형성되는데 60개의 탄소 원자들을 가진 덩어리가 가장 많이 발견됩니다. 이 다양한 탄소 분자들은 C_{60}과 같은 안정성을 보였으며 또한 봉합된 형태로 생각되었습니다. 이 모든 덩어리들의 총체적인 이름이 풀러렌이었습니다. (……) 이 실험에서 문제가 되는 것은 제안된 구조를 정확하게 증명할 수 있을 만큼 충분한 양의 풀러렌을 얻을 수 없다는 사실입니다. 따라서 1985년부터 1990년까지 과학적 논쟁이 들끓었지만, 그러한 심한 비판에도 불구하고 풀러렌 발견자들은 인내심과 독창력 그리고 열의를 가지고 그들의 가설을 꿋꿋하게 지켜 냈습니다. 1990년에야 어느 실험실에서나 빠르고 값싸게 재현할 수 있는 방법을 이용하여 1그램 정도의 C_{60}을 얻을 수 있었습니다.”

화학자들이 풀러렌을 연구하기 위해 빠르게 모여든 사실을 상기시킨 뒤에 풀러렌 발견의 의미를 다시 강조한다.

“풀러렌이 왜 이토록 중요하고 흥미로운지를 이해하려면 다른 형태의 탄소 구조를 살펴보아야 합니다. 흑연은 서로의 위에 쌓아 올린 매우 크고 평평한 그물 구조를 이루면서 함께 결합된 탄소 원자로 구성되어 있습니다. 반면에 다이아몬드는 끝없는 3차원의 그물 조직으로 결합된 탄소 원자로 구성되어 있습니다. 둘 다 우리가 보통 거대 분자라고 부르는 것들의 보기입니다. 이와 같은 형태의 탄소를 사용하여 적용할 수 있는 화학은 상당히 제한적이며 다이아몬드의 경우에는 무척 비쌉니다. 그러나 풀러렌은 화학적으로 반응할 수 있고 수많은 방식으로 변형될 수 있는 봉합된 작은 분자구조를 가집니다.

올해 노벨 화학상은 모든 자연과학에 대하여 함축적 의미를 갖습니다. 붉은색의 거대한 별들과 우주의 기체구름에서 탄소의 움직임을 이해하려는 열정이 연구의 씨앗으로 처음 뿌려졌습니다. 그리고 풀러렌의 발견이 화학과 물리의 영역에서 우리의 지식을 확장시키고 생각을 변화시켰으며, 우주에서 탄소의 생성에 대한 새로운 가설을 가능하게 하였고, 지질층에서 적은 양의 풀러렌을 발견할 수 있도록 하였습니다. 아마도 풀러렌은 이전에 믿었던 것보다 훨씬 많은 양이 지구에 존재하고 있을 것입니다. 대부분의 불꽃에서 나오는 그을음에는 적은 양의 풀러렌이 있는 것으로 알려졌습니다. 다음에 촛불을 켤 때는 이 점을 기억하십시오."

이어서 플라톤의 이야기가 나온다.

"C_{60}의 아름다운 구조에 매료당하는 느낌은 인간이 자연현상을 골똘히 생각하던 때부터 이어져 온 것입니다. 플라톤은 『티마이오스』의 〈대화편〉에서 불, 흙, 공기, 물이라는 네 개의 기본적인 입자에 대한 이론을 설명하였습니다. (……) 그는 정사면체(불), 정육면체(흙), 정팔면체(공기), 정이십면체(물), 곧 다섯 정다면체 중에 네 개에 대해 서술하였습니다. 그리고 십이면체는 우주를 의미하는데, 왜냐하면 가장 완벽한 형태인 구(球)에 가장 가깝기 때문입니다. 구에 가장 근접하면서 우리가 가질 수 있는 매우 아름다운 물체이기 때문에 플라톤은 확장된 십이면체인 C_{60}의 구조를 꼭 발견하려 하였습니다."

스웨덴 왕립과학원의 노벨상 시상 연설은 다음과 같은 문장으로 마무리된다.

"앞으로 나오셔서 전하로부터 노벨상을 받으시기 바랍니다."

노벨상을 받는 사람들은 누구나 듣는 말이다. 이 말을 들을 수 있는 과학자만큼 행복한 사람이 또 어디 있겠는가.

chapter 05

분자기술의 무한한 가능성

드렉슬러의 외로운 연구

분자 규모의 기계를 처음으로 상상한 리처드 파인만이 나노기술의 아버지라면 나노기술의 이론을 처음으로 정립한 인물은 미국의 에릭 드렉슬러(1955~)이다.

그의 이론은 시대를 너무 앞선 것이었기 때문에 과학기술자들로부터 몽상가로 따돌림을 당할 정도였다. 1970년대에 매사추세츠 공과대학의 학생이었던 드렉슬러는 파인만의 연설 내용처럼 원자나 분자를 조작해서 새로운 물질을 만들어 내는 기술을 꿈꾸었다. 그의 생각이 담긴 박사 논문은 너무 선구적이었으므로 아무도 그의 논문 지도를 맡으려 하지 않았다. 만일 인공지능의 대가인 마빈 민스키(1927~)가 그의 지도교수가 되지 않았더라면 그의 논문은 빛을 보지 못했을는지 모른다. 드렉슬러는 STM이 발명되고 5년이 지난 뒤인 1986년 그의 박사 논문을 다듬어서 나노기술에 관한 최초의 저술로 평가되는 『창조의 엔진』을 펴냈다.

나노기술의 초석을 놓은 이 책에서 드렉슬러는 분자기술을 제안했다. 분자기술은 원자나 분자 하나하나를 원하는 위치에 끌어다 놓아 새로운 물질을 만드는 기술이다. 원자나 분자는 나노미터로 측정된다. 따라서 드렉슬러는 분자기술 대신에 나노기술이라는 용어를 만들어 냈다.

『창조의 엔진』에는 분자기술의 개념이 다음과 같이 소개되어 있다.

"1950년대 초까지만 해도 방 안을 가득히 차지하던 컴퓨터를 주머니만 한 크기의 계산기 안에 몇 개의 칩으로 만들 수 있게 되었다. 이러한 칩의 회로는 구석기 시대 사람의 기준으

에릭 드렉슬러

로 보면 무척 작을 것이다. 그러나 각각의 트랜지스터는 몇조 개에 해당하는 원자로 구성되어 있으므로 칩의 회로는 우리의 육안으로 볼 수 있을 정도로 큰 것이다. 따라서 보다 새롭고 다양한 기능의 기술 수준에서 보면 이들 또한 거대한 덩어리로 생각할 수 있다. 이처럼 '덩어리 기술'이라고 불리는 고전적 기술, 다시 말하면 구석기 시대의 돌도끼에서부터 실리콘칩에 이르는 기술은 원자나 분자를 하나의 덩어리 형태로 다룬 것이다.

그러나 '분자기술'로 불리는 혁신적인 새로운 기술은 이러한 원자나 분자를 개별적으로 각각 정교하게 다룰 수 있을 것이다. 이 기술은 앞으로 우리의 상상을 초월할 정도로 세계를 바꿔 놓게 될 것이다.

칩 회로의 소자들은 그 크기가 마이크로(100만 분의 1)미터의 단위이다. 하지만 분자는 나노(10억 분의 1)미터 단위로 측정된다. 따라서 분자기술 또는 나노기술이라는 용어를 사용한다."

어셈블러를 꿈꾼다

드렉슬러는 『창조의 엔진』에서 자연에 존재하는 대표적인 분자기계인 단백질로부터 나노기술의 해답을 찾는 접근 방법을 제안하였다.

"아메바나 인간의 세포는 단백질의 물리적 기능으로 움직이거나 모양을 바꾼다. 박테리아의 경우는 밧줄 모양의 단백질 덩어리를 프로펠러처럼 회전시켜 이동한다. 만약 이러한 프로펠러에 아주 작은 자동차를 부착시킨다면 수십억 개의 자동차를 주머니에 넣을 수 있을뿐더러, 우리의 모세혈관은 이러한 초미니 자동차의 150차선 고속도로가 될 것이다. 이러한 분자기계들은 마치 산업체에서 쓰이는 일반 기계처럼 복잡한 물질을 조립할 수 있다."

드렉슬러는 분자기계로서 단백질의 기능에 주목하고 '어셈블러(조립 기계)'의 개념을 제안한다.

"융통성을 갖고 프로그램이 가능한 단백질 기계는 큰 분자를 고정시킨 상태에서 작은 분자를 정확히 결합시킬 부위에 가져올 수 있다. 그런 다음 단백질 기계는 효소처럼 분자들을 결합시킨다. 이처럼 작은 분자를 고정된 큰 분자에 차근차근 부착함으로써 단백질 기계는 원자들의 배열을 완벽하게 조절하여 보다 큰 구조를 조립해 나간다."

드렉슬러는 어셈블러를 다음과 같이 설명하였다.

"어떤 나노기계는 원자들을 한 번에 조금씩 큰 분자의 표면에 부착시켜 거의 안정적인 형태로 원자들을 결합할 수 있다. 이러한 나노기계를 어셈블러라고 생각하자. 어셈블러는 어떠한 원자 사이의 배열도 가능하게 하므로 자연법칙이 허용하는 어떠한 물질도 조립할 수 있다. 특히 이러한 어셈블러는 그 이상의 많은 어셈블러를 포함하여, 우리가 설계할 수 있는 어떠한 것도 만들 수 있게 한다.

어셈블러는 완전히 새로운 기술 혁신을 가져올 것이다. 어셈블러는 앞으로 신기술의 세계를 열어 줄 것이다. 의학, 우주과학, 컴퓨터공학, 더 나아가 무기 생산기술의 발전까지도 모두 원자 배열의 능력에 달려 있다. 어셈블러를 사용하게 되면 전 세계를 전혀 다르게 바꾸거나 파괴시킬 수도 있다."

드렉슬러가 제안한 어셈블러는 적절한 원자를 찾아내서 적절한 위치에 옮겨 놓을 수 있는 분자 수준의 조립 기계이다. 최초의 어셈블러가 가장 먼저 할 일은 바로 자신과 똑같은 또 다른 어셈블러를 만들어 내는 일이 될 것이다. 새로운 어셈블러는 다시 새로운 어셈블러를 만들어 내는 과정을 되풀이하면서 그 수는 기하급수적으로 늘어나게 될 것이다. 이처럼 수십억 개의 어셈블러가 만들어지면 결국 일정한 크기가 되는 제품을 만들 수 있게 될 것이다.

물론 드렉슬러는 어셈블러에 대한 상세한 설계를 제시하지 않았다. 그러나 어셈블러는 이론적으로 이 세상에 존재하는 거의 모든 것을 다 만들 수 있으므로 우리는 원하는 것이면 무엇이든지 만드는 기술을 갖게 되는 셈이다.

분자 제조와 나노의학

1991년 드렉슬러는 두 번째 펴낸 저서인 『무한한 미래』에서 나노기술이 특별히 충격을 줄 분야로 제조 분야와 의학을 꼽았다.

나노기계가 대량으로 보급되면 제조 산업에 혁명적인 변화가 올 가능성이 높다. 오늘날 우리가 물건을 만드는 방식은 원자를 덩어리로 움직인다. 그러나 나노기술은 원자 하나하나까지 설계 명세서에 따라 만들 수 있으므로 물질의 구조를 완벽하게 통제할 수 있다. 드렉슬러는 다수의 어셈블러가 함께 작업하여 모든 제품을 생산하는 미래의 제조 방식을 '분자 제조'라고 명명했다.

분자 제조 기술이 산업에 미칠 영향은 한두 가지가 아니다. 먼저 나노기술로 원자 수준까지 물질의 구조를 제어하기 때문에 우리가 상상할 수 없을 정도로 다양하고 새로운 제품을 만들게 될 것이다. 또한 고장이 극히 적은 양질의 제품 생산이 가능할 듯하다. 제품에 고장이 발생하려면 수많은 원자가 제자리를 벗어나야 한다. 그러나 나노기술로는 제품의 설계와 생산 공정에서 원자 하나하나를 완전 무결하게 통제하기 때문에 신뢰성이 높은 제품의 출하가 기대되는 것이다.

나노기술의 활용이 기대되는 또 다른 분야는 나노의학이다. 인체의 질병은 대개 나노미터 수준에서 발생한다. 바이러스는 가공할 만한 나노기계라 할 수 있기 때문이다. 이러한 자연의 나노기계를 인공의 나노기계로 물리치는 방법 말고는 더 효과적인 전략이 없다는 생각이 나노의학의 출발점이다.

바이러스와 싸우는 나노기계는 잠수함처럼 행동하는 로봇이다. 이 로봇의 내부에는 병원균을 찾아서 파괴하도록 프로그램되어 있는 나노컴퓨터가 들어 있으며 모든 목표물의 모양을 식별하는 나노

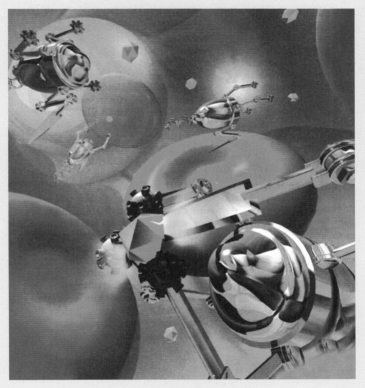

나노로봇이 적혈구 세포 주변을 돌면서 바이러스를 찾고 있다.

센서가 부착되어 있다. 혈류를 통해 항해하는 나노로봇은 나노센서로부터 정보를 받으면 나노컴퓨터에 저장된 병원균의 자료와 비교한 다음에 병원균으로 판단되는 즉시 이를 격멸한다. 이와 같이 이론적으로는 나노의학이 치료할 수 없는 질병이 거의 없어 보인다. 어쩌면 인간의 굴레인 노화와 죽음까지 미연에 방지할 수 있을지 모를 일이다.

드렉슬러는 이와 같이 나노기술이 우리가 물질을 다루는 방법을 바꾸는 데 그치지 않고 사회의 모든 부분에서 혁명적 변화를 초래할 것이라고 전망하였다.

드렉슬러가 상상한 대로 나노기술이 발전하지 않는다손 치더라도 그의 업적은 결코 과소평가될 수 없다. 그의 역할은 과학자들이 나노기술을 거들떠보지 않을 때 나노기술의 중요성을 줄기차게 강조함으로써 나노기술 시대의 개막을 앞당긴 것으로 충분하기 때문이다.

탄소나노튜브가 나타나다

다양한 특성의 나노물질

버키볼이 발견되고 6년이 지난 뒤인 1991년 흥미로운 나노 물질이 일본의 재료과학자인 이지마 스미오(1939~)에 의해 발견되었다. '탄소나노튜브'라 불리는 물질이다. 탄소 6개로 이루어진 육각형들이 균일하게 서로 연결되어 관 모양을 이루고 있는 원통형 구조의 분자이다. 탄소나노튜브는 버키볼을 긴 대롱 모양으로 변형시킨 형태이므로 '버키튜브'라고 불리기도 한다.

탄소나노튜브는 버키볼처럼 지름이 나노미터 크기이지만 버키볼과는 달리 한쪽 방향으로는 수백 나노미터 또는 그 이상으로 길다. 탄소나노튜브는 원통형 구조로 되어 있으므로 다양한 특성을 지닌다. 지름이 1나노미터에 불과하여 굵기가

이지마 스미오

사람 머리카락의 5만 분의 1밖에 되지 않지만 밧줄처럼 다발로 묶으면 인장력이 강철보다 100배 강하다. 또한 구리보다 전류를 잘 전도하고 다이아몬드보다 열을 잘 전달한다. 끊어지지 않고 잘 휘어지거나 비틀어진다. 게다가 다른 물질로 만든 전극보다 훨씬 낮은 전압에서 전자를 방출할 수 있다.

탄소나노튜브는 2차원적으로 배열된 탄소 원자가 층층이 쌓여 만들어진 평평한 흑연판을 원통 형태로 말아 놓은 것이다. 다시 말해 탄소나노튜브를 구성하는 탄소 원자 층의 수는 탄소나노튜브마다 제각기 다르다. 탄소나노튜브의 성질은 탄소 원자 층의 수에 따라 달라진다. 이지마가 전자현미경으로 검댕 얼룩에서 처음 발견한 것은 다중벽 탄소나노튜브이다. 탄소의 여러 층으로 이루어진 나노튜브였다.

1993년 이지마와 미국 과학자들은 제각각 탄소 한 층 두께의 탄소나노튜브를 처음으로 만들었다. 탄소 한 층만을 말아서 만든 단일벽 탄소나노튜브이다. 이 탄소나노튜브는 분자 수준에서 만들어진 최초의 진정한 나노물질이라 할 수 있다.

임지순 교수의 업적

탄소나노튜브의 전기적인 성질은 나노미터 단위인 지름의 크기에 따라 달라질 뿐만 아니라, 지름의 크기가 같은 경우에도 원통을 만들기 위해 여러 줄의 원자를 감는 각도에 따라 결정되는 것으로 밝혀졌다. 탄소나노튜브의 특성이 지름의 크기와 원자를 감는 방법에 따라 달라지기 때문에 탄소나노튜브가 잔뜩 모여 있는 것을 통째로 관찰해서 알아낼 것은 거의 없었다. 그런데 1994년 미국 과학자들이 탄소나노튜브 하나하나의 전기적 성질을 측정할 수 있는 이론을 제시했다. 이 이론으로 어떤 탄소나노튜브는 금속의 성질을 갖게 되고 어떤 것은 반도체와 같은 성질을 갖는다는 사실을 밝혀냈다. 요컨대 탄소나노튜브의 특성을 이해할 수 있는 길이 트임에 따라 탄소나노튜브를 이용한 각종 제품을 만들게 된 것이다.

1998년 서울대 물리학과의 임지순(1951~)교수는 『네이처』 1월 29일자에 미국 과학자들과 함께 탄소나노튜브를 연구한 논문을 발표했다. 원래 전기적으로 전도체인 탄소나노튜브가 10개 이상이 모여 밧줄처럼 다발 구조가 되면 금속 성질이 없어지면서 저절로 반도체의 성질을 가진다는 것을 이론적으로

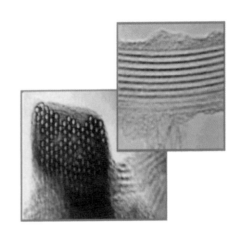

탄소나노튜브(위)와 유기물 나노튜브

규명한 것이다. 이 연구 결과에 의해 기존의 실리콘 반도체보다 집적도가 1만 배 높은 소자를 만들 수 있는 길이 열린 것으로 평가되었다.

1998년 네덜란드의 공학기술자들은 한 개의 탄소나노튜브가 트랜지스터 한 개의 역할을 할 수 있다는 것을 보여 주었다.

탄소나노튜브를 다양한 목적에 사용하려면 필요한 특성을 갖춘 맞춤형 나노튜브를 만들어 내야 한다. 탄소나노튜브의 전기적 특성은 지름과 원자 연결 방향에 의해 결정되기 때문에 과학자들은 특정 지름을 가진 나노튜브를 만드는 연구를 했다.

2000년 미국·독일·벨기에 등의 다국적 연구진은 미국의 과학전문지인 『사이언스』 5월 19일자에 필요한 지름을 가진 탄소나노튜브를 만들어 냈다는 연구 결과를 보고하였다.

이로부터 채 일 년도 지나지 않아서 독일의 과학자들도 『네이처』에 뜻하는 대로 탄소나노튜브를 만드는 데 성공했다는 연구 결과를 발표했다.

나노튜브가 모두 탄소로만 만들어지는 것은 아니다. 실리콘으로 만든 나노튜브도 있다. 탄소가 아닌 다른 물질로 만들어진 나노튜브는 특별히 '나노와이어'라고 부른다. 나노와이어 역시 탄소나노튜브처럼 뛰어난 전기적 특성을 지니고 있으므로 과학자들의 뜨거운 관심사가 되고 있다.

임지순 교수

노벨상에 가장 근접한 우리나라 과학자 중 하나로 손꼽히고 있는 임지순 박사는 1951년 서울 태생으로 경기고등학교를 수석 졸업한 뒤 1974년 서울대 물리학과를 마치고 1980년 미국 캘리포니아 대학(버클리)에서 물리학 박사 학위를 받았다.

1986년 귀국하여 서울대 자연과학대학 물리학과 교수로 후학을 가르치며 뛰어난 학문적 업적을 남기고 있다. 특히 그에게 박사 학위를 안겨 준 캘리포니아 대학의 스승과 함께 탄소나노튜브를 공동 연구한 것으로 명성을 얻었다. 1998년 탄소나노튜브 연구에 이어 2000년 그의 스승과 함께 트랜지스터 기능을 하는 탄소나노소자를 처음으로 개발했다.

1996년 한국과학상(물리 부문)을 수상한 데 이어 1999년 한국물리학회 학술상, 2004년 인촌상(자연과학 부문), 2007년 대한민국 최고과학기술인상을 받았다. 정치권 주변을 기웃거리는 다른 과학자들과 달리 오로지 학문 연구에만 정진하는 모습이 돋보여서 후배 과학자들의 존경을 한 몸에 받고 있다.

임지순 교수

나노기술 시대가 열리다

나노기술의 정의

2000년 1월 어느 날. 미국의 빌 클린턴 대통령은 5억 달러가 투입되는 '국가나노기술계획(NNI)'을 발표하였다. 그는 미국 정부가 나노기술 연구 개발을 위해 장기적으로 막대한 예산을 투입할 계획임을 천명하면서 "나노기술은 트랜지스터와 인터넷이 정보 시대를 개막한 것과 같은 방식으로 21세기에 혁명을 일으킬 것"이라고 말했다.

그는 나노기술을 "미국 의회 도서관에 소장된 정보를 한 개의 각설탕 크기의 장치에 집어넣을 수 있는 기술"이라고 설명하였다. 나노기술을 이용하면 "강철보다 훨씬 무게가 덜 나가면서도 10배나 강한 강도를 가진 물질을 만들 수 있을 것"이라고도 말했다.

빌 클린턴　　　　　　　　　　　　김대중

　2000년 12월 어느 날. 김대중(1924~2009) 대통령은 청와대에서 국가과학기술위원회 제6차 회의를 주재하면서 나노기술에 대해 처음으로 언급했다. "정보기술, 생명공학기술, 전통산업을 연결하여 우리 경제를 세계의 선두로 이끌어 가는 개혁에 대해 좀 더 연구해 주기 바란다. 나노기술을 잘 활용해야 정보기술 등의 효율을 높이는 데 도움이 될 것"이라는 내용이었다.

　나노기술의 전도사를 자임한 에릭 드렉슬러가 몽상가로 따돌림을 당할 정도로 나노기술은 오랫동안 과학기술자들의 주목을 끌지 못했다. 그러나 2000년부터 나노기술은 미국과 한국의 대통령 입에 오르내리는 용어가 될 만큼 국가적 차원의 관심사로 부각되었다.

나노기술은 일반적으로 원자나 분자를 개별적으로 다루어 새로운 물질을 만들어 내는 기술이라고 말한다. 그러나 나노기술에 대해 모든 과학자들이 동의하는 정의는 아직 내려진 것이 없다. 나노기술이 초기 단계일 뿐만 아니라 여러 분야의 과학자들이 다양한 방법으로 나노기술에 접근하고 있기 때문이다.

나노기술에 대한 정의로는 미국 과학재단(NSF)에서 국가나노기술계획 수립을 주도한 미하일 로코가 내린 정의가 가장 널리 인용되고 있다. 그는 나노기술이란 1~100나노미터 크기의 물질을 다루는 것이라고 정의했다. 1나노미터는 수소 원자 10개를 늘어놓은 길이이며, 전형적인 박테리아 한 개의 1,000분의 1에 해당한다. 사람의 손톱이 1초 동안 자라나는 길이가 1나노미터라고 비유하기도 한다.

2001년 12월, 나노기술의 중요성이 다시 부각되었다. 미국 과학재단과 상무부는 과학기술 전문가 100여 명이 참여하는 학술대회를 개최하고, 2020년 미국 사회 발전에 결정적 영향을 미칠 과학기술에 관한 보고서를 작성했다. 이 정책 문서를 작성한 공동 저자의 한 사람은 미하일 로코였다. 이 문서는 나노기술, 생명공학기술, 정보기술, 인지과학 등 4대 분야가 상호의존적으로 결합되는 것을 '융합기술'이라고 정의하고, 기술 융합으로 르네상스 정신에 다시 불을 붙일 때가 되었다고 천명하였다.

르네상스의 가장 두드러진 특징은 학문이 전문 분야별로 쪼개지지 않고 가령 예술이건 기술이건 상당 부분 동일한 지적 원리에 기반을 두었다는 점이다. 이 문서는 기술 융합이 완벽하게 구현되는 2020년 전후로 인류가 새로운 르네상스를 맞게 되어 누구나 능력을 발휘하는 사회가 도래할 가능성이 높다고 장밋빛 전망을 피력했다.

나노 구조물

나노기술의 성패는 1~100나노미터 크기의 물질, 곧 나노 구조물을 효과적으로 만들어 낼 수 있는 기술의 개발 여부에 달려 있다.

나노기술자들은 나노 구조물을 제작하는 기술로 두 가지 접근 방식에 기대를 걸고 있다. 하나는 하향식이고 다른 하나는 상향식이다.

하향식은 위(전체)에서 아래(세부)로 내려가는 방법, 다시 말해 거시적 세계에서 미시적 세계로 가는 길이다. 상향식은 아래(기초)에서 출발하여 위(전체)를 만들어 가는 방법, 다시 말해 원자나 분자를 가지고 점점 복잡한 모양을 만들어 가는 길이다.

하향식 공정 기술은 이미 존재하는 거시 물질에서 출발하여 점차적으로 크기를 축소해 가면서 원자나 분자 크기의 나노 구조물을 제작하는 방법이다. 리처드 파인만이 예견한 분자 세계를 만드는 방법인 셈이다.

하향식 방법의 대표적인 사례는 반도체 제조 공정 기술인 '리소그래피'이다. 리소그래피는 원래 돌에 형태를 새기고 잉크를 칠한 후 그 위에 종이를 대고 문질러서 똑같은 형상을 반복하여 찍어 내는 것을 의미하며, 석판 인쇄라고 불린다. 반도체 제조의 경우, 리소그래피는 반도체 집적회로를 만들 때 회로의 모양을 기록하는 방식을 가리킨다. 원자들이 고르게 놓여 있는 실리콘 기판 위에 수없이 많은 똑같은 트랜지스터들을 한꺼번에 그려 넣는 방법을 리소그래피라고 한다. 한마디로 리소그래피는 복잡한 회로의 본을 떠서 실리콘 기판 위에 똑같은 형상을 반복하여 찍어 내는 방법이다.

한편 상향식 공정 기술은 나노미터 크기의 기본 구성 물질을 만든 다음에 마치 레고 블록을 조립하듯이 기본 구성 물질 하나하나를 쌓아 올려 큰 구조물을 만드는 방법이다.

상향식의 대표적인 방법은 에릭 드렉슬러의 발상처럼 자연에 존재하는 자기조립 능력, 곧 올바른 조건하에서 원자나 분자들이 자발적으로 일정한 형태를 유지하는 성질을 활용하는 것이다. 자기조립되는 나노 구조물의 대표적인 사례는 탄소 나노튜브이다.

이론적으로는 상향식 공정 기술로 만들 수 없는 물건이 있을 수 없다. 개개의 원자들을 분리한 다음 그것을 쌓아 올려 우리가 원하는 것은 무엇이든 만들어 낼 수 있을 것이기 때문이다. 따라서 상향식의 나노기술은 해결해야 할 문제가 많지만 하향식의 나노기술은 반도체 공정의 리소그래피 기술 덕분에 이미 실현되고 있다.

나노기술 탄생의 역사

1959년   리처드 파인만이 〈바닥에는 풍부한 공간이 있다〉는 제목의 연설에서 나노기술의 영감을 처음으로 불러일으킨다.

1966년   미국에서 개봉된 영화 〈환상 여행〉은 축소된 의사들이 환자 몸속으로 들어가는 상상을 한다.

1981년   게르트 비니히와 하인리히 로러가 주사터널링현미경(STM)을 개발한다.

1985년   리처드 스몰리 등 3명의 화학자가 버키볼을 발견한다.

1986년   에릭 드렉슬러가 나노기술에 대한 대중적 관심을 불러일으킨 『창조의 엔진』을 펴낸다.

1990년   미국 IBM 연구진들이 개별적인 원자를 배열하여 회사 이름의 글자를 쓴다.

1991년   일본의 재료과학자 이지마 스미오가 탄소나노튜브를 발견한다.

1998년   임지순 교수가 탄소나노튜브 논문을 『네이처』에 발표한다.

2000년   미국의 클린턴 행정부가 나노기술 육성 계획을 발표한다.

3
나노물질

버키볼과 탄소나노튜브

버키볼의 쓰임새

버키볼은 대량생산이 가능해짐에 따라 여러 산업 분야에서 다양하게 활용되고 있다.

버키볼은 대다수가 송이 모양의 무리를 이루기 때문에 다른 원자를 집어넣을 수 있다. 버키볼 자체는 절연체이지만 다른 원자를 집어넣으면 도체가 될 수도 있다. 또한 버키볼은 반도체 실리콘 기판 위에서 초전도체로 이용할 수 있다. 물질은 전기저항이 0으로 떨어질 때 초전도성을 띤다. 이러한 물질은 손실 없이 전기를 전달한다. 따라서 버키볼로 만든 초전도체는 에너지의 손실 없이 전기를 전달하는 이상적인 전도체라 할 수 있다.

버키볼은 인공 다이아몬드를 만드는 데 이용된다. 다이아몬

드는 값비싼 보석이지만 산업재로도 널리 사용된다. 다이아
몬드는 비금속을 가공할 때 흔히 사용되는 절단 재료이다. 다
이아몬드로 공구에 막을 입히면 공구가 마모되지 않게 되고
공구의 가공력이 향상된다.

　다이아몬드를 절단 재료로 사용하려면 비용이 많이 든다.
따라서 버키볼로 값싼 인공 다이아몬드를 만드는 것이다. 흑
연 대신에 버키볼을 사용하여 다이아몬드를 생산하면 가격이
더욱 저렴해진다. 흑연은 섭씨 1,500～1,800도에서 다이아몬
드로 바뀌지만 버키볼은 상온에서 다이아몬드로 변화되기 때
문이다.

　미국 항공우주국(NASA)은 버키볼로 인공위성의 이온 동력
추진 장치를 만들고 있다. 우주 궤도를 도는 인공위성은 이온
동력으로 추진될 수 있다. 이온 동력 추진 장치의 속도는 사
용하는 추진 원료에 달려 있다. 그동안 추진 원료로 사용한
수소와 산소 혼합물로는 속도가 초당 4킬로미터에 불과했다.
그러나 버키볼을 추진 원료로 사용하면 속도가 초당 50킬로
미터에 이를 것으로 예상된다.

　버키볼은 값싸고 잘 휘어지며 착용할 수 있는 태양전지에
사용되어 에너지 효율을 높일 수 있다. 태양전지는 태양으로
부터 오는 빛을 흡수하여 전기로 바꾸는 장치이다. 태양은 우
리가 필요로 하는 에너지의 1만 배 이상을 날마다 쏟아붓는
다. 바꾸어 말하면 지구 표면의 1퍼센트에 해당하는 땅의 10

퍼센트를 태양전지로 덮고 그 태양전지의 효율이 10퍼센트만 되더라도 우리가 필요로 하는 에너지의 양을 완전히 충족시킬 수 있다.

태양전지는 전기를 통하는 플라스틱으로 개발되었다. 플라스틱은 폴리머(중합체)라 불리는 분자들이 긴 사슬로 연결된 것이다. 그러나 플라스틱 태양전지는 성능이 완전하지 못했다. 이러한 기술적 문제를 해결하는 데 버키볼이 크게 쓸모가 있는 것으로 밝혀졌다.

이와 같이 버키볼은 인공 다이아몬드에서부터 태양전지에까지 사용되고 있을 뿐만 아니라 일상생활에 필요한 제품의 개발에도 크게 활용될 전망이다.

탄소나노튜브의 쓰임새

분자 수준에서 최초로 제조된 나노물질이라고 할 수 있는 탄소나노튜브는 물리적 성질도 놀랍지만 전기적 특성은 더욱 뛰어나서 다양하게 활용된다.

탄소나노튜브는 강철보다 100배 강할 정도로 인장력이 엄청나서 이 세상에서 가장 튼튼한 물질로 여겨진다. 탄소나노튜브는 이처럼 튼튼할 뿐만 아니라 끊어지지 않고 잘 휘어지며 가볍기 때문에 고급 스포츠 상품에 사용된다. 테니스 라켓, 골프채, 야구방망이, 자전거 등에 널리 활용될 전망이다.

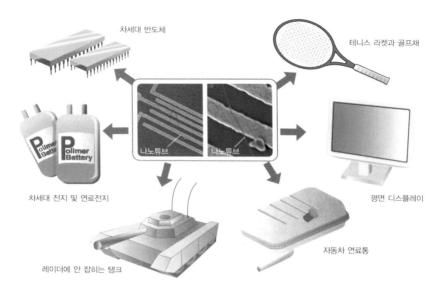

차세대 반도체

테니스 라켓과 골프채

나노튜브   나노튜브

차세대 전지 및 연료전지

평면 디스플레이

레이더에 안 잡히는 탱크

자동차 연료통

탄소나노튜브의 응용 사례

　또한 탄소나노튜브는 놀라운 전기적 특성을 가진다. 무엇보
다 열과 전기를 잘 전달한다. 또한 반도체의 성질을 나타낼
수도 있다.

　탄소나노튜브는 정전기의 해결책으로 각광을 받는다. 자동
차 연료통의 골칫거리는 정전기이다. 전기가 잘 통하는 탄소
나노튜브를 연료통의 재료에 섞으면 정전기가 지면으로 흘러
사라진다.

　탄소나노튜브는 전자파를 흡수하는 피뢰침 역할도 한다. 전
투기나 탱크에 탄소나노튜브를 바르면 레이더에 잡히지 않을

수 있다.

탄소나노튜브를 활용한 연료전지도 개발된다. 연료전지는 에너지를 저장하고 에너지를 꺼낼 수 있는 장치이다. 말하자면 연료전지가 내놓는 에너지는 다른 곳으로부터 얻어서 저장한 것이다. 연료전지는 수소를 연료로 사용하며 공기 중에서 산소를 받아들인다. 전기에너지를 생산하며 부산물로 물, 곧 무공해 물질을 내놓는다.

탄소나노튜브는 다른 물질로 만든 전극보다 훨씬 낮은 전압에서 전자를 방출한다. 이처럼 전자가 잘 튀어나오는 탄소나노튜브를 사용하면 텔레비전과 컴퓨터 모니터의 전자총을 소형화할 수 있다. 삼성전자를 비롯한 세계 유수의 전자업체들은 탄소나노튜브를 사용한 평면 디스플레이를 경쟁적으로 개발하고 있다.

2007년 10월 미국의 물리학자인 알렉스 제틀은 탄소나노튜브 한 개가 라디오처럼 동작하여 방송국의 노래를 수신할 수 있다는 논문을 발표했다. 제틀은 한 개의 탄소나노튜브가 방송 신호를 받아서 증폭한 다음에 사람의 귀로 쉽게 알아들을 수 있는 신호로 바꾸어 내보낼 수 있음을 보여 주었다. 이른바 '탄소나노튜브 라디오'를 발명한 것이다.

이러한 나노라디오는 통신 장치뿐만 아니라 의학 분야 등에도 활용될 전망이다. 약물 전달 수단으로 크게 기대를 모은다. 가령 암세포를 겨냥한 약물을 몸에 주입할 때 나노라디오를 함께 넣어 두면 무선 신호로 나노라디오에 지시를 내려서 암세포 안으로 정확하게 약물이 방출되게끔 할 수 있다. 이와 비슷한 방법으로 세포 안으로 약물을 집어넣으면 손상된 세포를 수리할 수 있다.

제틀은 나노라디오가 센서로 작용해서 공항 같은 곳에서 폭발물을 탐지해 낼 수 있을 것이라고 상상한다.

나노오염의 공포

탄소나노튜브는 뛰어난 특성 때문에 전자 산업, 생명공학, 보건의료, 에너지 등 다양한 분야에서 신제품을 탄생시킬 것으로 전망된다. 그런데 2003년 3월 미국 화학회에서 황금알을 낳는 거위로 여겨진 탄소나노튜브가 독성을 지니고 있다는 충격적인 보고서가 발표되었다. 과학자들은 탄소나노튜브를 쥐의 폐 조직에 주입한 결과 질식사했다고 밝히고 인체에 치명적인 상처를 입힐 수 있음을 경고했다. 탄소나노튜브는 덩어리일 때는 문제가 없던 물질도 나노 크기의 입자가 되면 독성을 지닐 가능성이 높다는 것을 보여준 셈이다.

탄소나노튜브의 독성 문제를 놓고 논란이 확산되는 가운데, 2007년 2월 미국 연방정부 환경보호국(EPA)이 발간한 백서는 가령 탄소나노튜브로 만든 야구방망이가 깨질 때 독성을 지닌 나노입자가 방출되어 물이나 공기를 오염시킬 수 있다고 경고했다. 요컨대 탄소나노튜브는 제품 밖으로 노출될 가능성은 낮지만 높은 독성을 지닌 나노입자라는 잠정적인 결론이 났다. 앞으로 탄소나노튜브를 사용한 제품이 쏟아져 나올 터이므로 환경에 노출될 가능성은 갈수록 높아질 것임에 틀림없다. 탄소나노튜브를 계기로 나노입자가 사람의 건강과 환경에 나쁜 영향을 끼칠지 모른다는 이른바 '나노오염'의 문제가 대두되었다.

우주 엘리베이터

탄소나노튜브의 엄청난 인장력 때문에 우주 엘리베이터의 실현 가능성이 논의되었다. 우주 엘리베이터의 아이디어는 1960년 러시아의 기술자가 처음 내놓았으나 과학소설가인 아서 클라크(1917~2008)가 1979년 펴낸 『낙원의 샘』이라는 소설에서 묘사함으로써 주목을 받았다. 클라크는 적도 상공 3만 5,800킬로미터의 지구 궤도를 도는 인공위성에서 지구로까지 거대한 탑을 세우고, 그 안에 승강기를 설치하면 지구와 우주를 마음대로 왕복할 수 있다고 상상했다. 하늘 높이 3만 5,800킬로미터의 탑을 세운다는 것은 그야말로 공상과학소설 속에서나 가능함 직한 터무니없는 발상이라 아니할 수 없다. 그러나 미국 항공우주국(나사) 기술자들은 우주 엘리베이터의 건설 가능성을 낙관하는 보고서를 속속 내놓았다. 우주 엘리베이터 건설을 위해 극복해야 할 최대의 난관은 거대한 탑의 무게를 감당할 재료를 찾아내는 일이었다. 그런데 탄소나노튜브가 충분한 인장력을 가진 것으로 밝혀진 것이다.

클라크는 "우주 엘리베이터의 아이디어를 비웃지 않게 될 때 그로부터 50년이 지나서 완성할 수 있다"고 강조했다. 1999년 나사의 한 회의에서 2060년께 우주 엘리베이터의 건설이 가능하다는 의견이 나온 것으로 알려졌다.

우주 엘리베이터

나노입자

주방 용품에서 콘돔까지

나노기술의 초창기부터 가장 많이 활용되는 나노물질은 나노입자이다. 열 개에서 수천 개 정도의 원자로 구성된 물질을 나노입자라 한다.

나노입자를 기존의 재료에 첨가하면 그 특성을 거의 무한하게 변화시킬 수 있다. 제품의 표면에 나노입자를 입히면 얇은 층을 형성하여 나노 규모에서 여러 가지 방식으로 그 제품의 성능을 향상시킨다.

나노입자를 입힌 제품들은 거의 모든 산업 분야에서 쏟아져 나오고 있다. 나노입자는 무엇보다 거의 모든 생활용품의 성능을 개선시킬 수 있다.

나노입자를 입힌 비닐 마루 재료는 긁혀도 흠집이 나지 않는다. 이 재료는 아주 질겨서 사용 도중에 찢어지지도 않는다. 나노입자를 주방 용품과 화장실 타일에 입히면 얼룩이나 긁힘이 생기지 않으므로 청결하게 유지할 수 있다. 산화티타늄 나노입자를 입힌 타일은 먼지나 때가 묻지 않기 때문에 구태여 박박 닦는 수고를 하지 않아도 항상 청결한 상태를 유지한다. 이런 타일은 스스로 깨끗해진다는 뜻에서 '자동 정화' 타일이라 불린다. 때가 타지 않는 욕실 타일에 항균성 나노입자를 넣으면 욕실을 오염시키는 곰팡이 따위의 번식을 억제하므로 위생이 향상된다.

욕실 타일에 사용된 항균성 나노입자를 옷감에 집어넣으면 병원균이 득실거리고 환자들끼리 서로 감염시킬 위험이 높은 병원에서 의사들의 옷감으로 안성맞춤이다.

항균성과 살균성이 뛰어나서 각광을 받는 것은 은 나노입자이다. 은에 살균 효과가 있다는 것은 동서양을 막론하고 오래 전부터 알려진 사실이다. 은 나노입자는 휴대전화, 세탁기, 냉장고, 장난감, 도자기, 콘돔 등 각종 생활용품에 항균성 피복 재료로 사용된다. 은 나노입자가 함유된 속옷, 발 냄새 제거 양말, 항균 칫솔, 여드름 전용 비누 등도 개발되고 있다.

물을 밀어내는 성질을 가진 산화티타늄 나노입자를 고급 자동차의 유리에 입히면 유리에 때는 물론 서리가 끼지 않는다. 이러한 유리는 안경 렌즈나 화장실 용품에 쓰이게 된다.

자동 정화 타일처럼 자동 정화 창문도 생산된다. 물론 이 창문에는 먼지나 물 입자가 달라붙지 못하도록 나노입자가 입혀져 있다. 자동 정화 창문은 주택이나 고층 건물 또는 온실에서 인기가 높다.

스포츠 용품도 나노입자를 입힌 제품이 생산된다. 스키나 스노보드의 표면에 단 몇 개의 원자를 얇게 입혀 주어도 이 원자들이 혼합물보다 더 강하게 결속하여 물을 밀어내기 때문에 스키나 스노보드에 얼음이 달라붙지 않는다.

나노입자는 화장품에도 사용된다. 자외선을 차단하는 선스크린(햇볕 타기 방지제) 크림에 산화티타늄의 나노입자가 들어 있다. 자외선은 피부에 침투하여 노화를 촉진시킨다. 주름살을 제거하는 화장품이나, 피부를 희게 만드는 미백 화장품에도 나노입자가 사용된다.

나노입자는 군사 용품에도 크게 활용되고 있다. 미국 공군은 보통 윤활제보다 훨씬 높은 온도에서 사용할 수 있는 나노 윤활제를 개발했다. 높은 온도에서 녹거나 끈적거리지 않는 나노입자를 사용한 것이다. 알루미늄 나노입자는 우주 비행선의 연료 첨가제로 사용되고 있다. 나노입자가 로켓의 연료 연소율을 30배나 증가시키므로 적은 비용으로 인공위성을 우주로 쏘아 올릴 수 있다.

미국 해군은 선박의 주요 장치에 나노입자를 입혀 톡톡히 재미를 보고 있다. 나노입자가 열에 잘 견디고 윤활 기능을 갖고 있어 선박 장치의 효율이 향상될 뿐만 아니라 마모를 줄이고 수리 비용을 아껴 주기 때문이다. 또한 각종 선박의 선체에 나노입자를 입혀 부식을 방지한다. 이러한 나노입자는 조개 따위가 배의 밑바닥에 달라붙지 못하게 하므로 선박의 연료를 절감하는 효과가 있다. 물론 군함뿐만 아니라 민간 선박도 이런 효과를 얻을 수 있기 때문에 경제적으로 이익이 적지 않다.

선스크린 크림

　나노 크기의 분말, 곧 나노입자는 때가 타지 않는 주방 용품, 먼지를 닦지 않아도 되는 자동 정화 창문 유리, 살균 효과가 있는 은 나노 콘돔, 추운 곳에서 더운 곳으로 들어가도 서리가 끼지 않는 안경 렌즈, 빙판을 환상적으로 미끄러지는 스키, 자외선을 차단하는 화장품 등 우리 생활의 일부로 자리잡아 가고 있다. 그 밖에도 나노입자의 응용 가능성은 무궁무진하다.

질병 치료에서 환경 정화까지

　나노입자는 눈에 보이는 물질보다 표면적이 훨씬 더 넓기 때문에 화학반응을 증가시키는 효과가 있다. 가령 포도 한 송이가 식탁 위에 있다고 생각해 보자. 한 송이는 꼭 그만큼 식탁 위의 공간을 점유한다. 만일 포도송이를 으깨어 식탁 위에 펼쳐 놓으면 훨씬 더 많은 면적을 차지하게 될 것이다. 이처럼 물질의 크기가 나노 규모로 축소되면 그만큼 나노입자가 가질 수 있는 표면적이 더욱 커지기 때문에 화학적 반응성이 더욱 높아진다. 따라서 나노 크기의 입자는 촉매로써 쓰임새가 적합하다. 촉매는 화학반응 때 그 자체는 화학 변화를 받지 않지만 반응 속도를 촉진 또는 지체시키는 물질이다. 몸속의 효소는 가장 흔한 촉매이다. 효소는 일종의 단백질 분자로서 몸 안에서 특정한 화학반응을 촉진시킨다.

촉매는 화학공업에 사용되는 중요한 물질이다. 나일론과 비료를 생산하고, 원료에서 휘발유를 분리하고, 자동차의 배출물을 정화하는 공정에 촉매가 사용된다. 나노입자는 촉매로서 화학 공정의 효율성을 극대화하므로 화학 산업에서 절감되는 비용은 엄청날 것으로 짐작된다.

나노입자는 의약 산업에서 크게 활용된다. 나노입자는 크기가 워낙 작아서 다른 입자들이 접근할 수 없는 신체 부위에도 쉽게 도달하기 때문이다. 대부분의 세포들은 수천 나노미터 크기이므로 이보다 훨씬 크기가 작은 나노입자는 세포벽을 뚫고 들어가 세포 안의 목표 지점까지 갈 수 있다.

혈관-뇌 장벽도 넘을 수 있다. 뇌를 장해 물질로부터 보호하는 혈뇌 장벽은 대부분 모세혈관으로 이루어져 있으며, 이 모세혈관의 세포들은 거의 간격 없이 붙어 있어서 뚫고 들어

가기가 쉽지 않다. 그러나 나노입자를 사용하면 치료제를 뇌 안의 특정 부위까지 운반할 수 있다.

그 밖에도 살균 효과가 뛰어난 금 나노입자를 종양이 있는 부위로 보내 암세포를 파괴하는 방법이 개발되었다.

나노입자는 오염된 환경을 정화하는 데 크게 기여할 것으로 기대된다. 산화제나 환원제를 나노 크기로 만들어 사용하면 독성 물질과 반응하여 중화시키거나 제거한다. 나노입자를 사용하면 물속의 유독성 화학물질을 중화시킬 수 있으므로 수질을 정화하여 깨끗한 수돗물을 공급할 수 있다. 또한 나노 입자는 살충제 따위의 농업용 화학물질을 중화시켜 제거할 수 있으므로 농약으로 오염된 강물을 깨끗하게 만든다.

이와 같이 나노입자는 생활용품의 품질을 향상시키는 데 머물지 않고 인류의 생존에 직결되는 건강과 환경문제 해결에 보탬이 되고 있다.

나노입자의 독성 문제

탄소나노튜브처럼 나노입자 역시 건강과 환경에 부정적인 영향을 미칠 가능성이 제기되고 있다. 나노입자는 화학적으로 반응성이 뛰어나기 때문에 환경을 정화할 수 있는 반면에 환경에 해로운 요소가 될 수 있다는 것이다.

좋은 예가 자동차 배기가스의 미세먼지이다. 디젤 엔진은 갈수록 적은 양의 오염 물질을 배출하지만 미세먼지는 인체 깊숙이 침투할 수 있으므로 인체의 건강에 위기를 초래하게 된다.

화장품의 경우, 2007년 8월 미국의 환경단체가 선스크린 크림에 산화티타늄 나노입자를 사용하지 말 것을 요청했다. 이 환경단체는 나노입자가 공기와 물로 배출되면 사람에게 해를 끼칠 가능성이 높다고 주장했다.

나노입자의 독성 문제는 나노기술이 발달할수록 더 많은 논란거리가 될 것임에 틀림없다. 탄소나노튜브와 나노입자에 의해 야기될 나노오염 문제에 각별한 주의와 관심을 기울여야 될 것 같다.

자연을 본뜨는 나노물질

생체모방공학

1941년 어느 날 스위스의 전기 기술자인 조르주 드 메스트랄(1907~1990)은 개를 데리고 들에 산책을 나갔다가 엉겅퀴 씨앗이 자신의 옷과 개의 털에 달라붙는 것을 보고 현미경으로 관찰을 시작했다. 엉겅퀴는 씨앗 껍질에 있는 단단한 갈고리로 지나가는 동물에 달라붙어 씨앗을 멀리 퍼뜨리는 것으로 밝혀졌다.

1951년 엉겅퀴 씨앗처럼 달라붙는 제품을 발명하여 특허를 획득했다. 흔히 찍찍이라고 불리는 '벨크로'이다.

벨크로는 생체모방공학에서 가장 유명하고 가장 성공적인 사례로 손꼽힌다. 생체모방공학은 생명체의 구조와 기능을 연구하여 생명체를 닮은 물건을 만드는 분야이다. 35억 년 전

엉겅퀴의 씨앗(가운데)에 있는 갈고리 구조(왼쪽)를 본떠 만든 것이
찍찍이라고 불리는 벨크로(오른쪽)이다.

지구에 생명체가 출현한 이후 생물은 환경에 적응하기 위해
가장 바람직한 구조와 기능을 진화시킨 것이라고 볼 수 있다.
이러한 전제하에 생체를 본뜨는 생체모방공학은 로봇공학에
서 재료공학에 이르기까지 광범위하게 활용된다.

　로봇공학의 경우, 공룡, 긴팔원숭이, 뱀, 바닷가재처럼 큰
동물에서부터 거미, 지네, 바퀴벌레, 나비처럼 작은 동물까지
다양한 형태의 동물로봇이 개발되고 있다. 특히 로봇공학자
들은 다리가 많이 달린 절지동물에 관심이 많다. 몸이 마디로

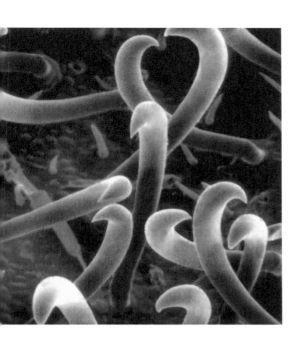

이루어진 절지동물에는 딱정벌레나 개미 따위의 곤충류, 거미나 전갈 등 거미류, 게와 새우 등 갑각류, 지네 따위의 다족류가 있다. 이 중에서 가장 많이 연구되는 것은 곤충이다. 바퀴벌레를 본뜬 곤충로봇이 개발되었다.

또한 게, 바닷가재, 칠성장어를 본뜬 물고기로봇도 바닷속에서 활약이 기대된다.

재료공학의 경우, 집중적으로 연구되는 것은 성게의 가시, 쥐의 이빨, 전복의 껍질, 거미의 실크(명주 모양의 실)이다. 특히 인공적으로 만든 거미 실크는 누에의 명주실처럼 비단옷의 재료로 주목받을 뿐만 아니라 방탄복이나 낙하산 등의 군사 용품으로 인기가 높다. 거미줄로 만든 수영복을 입은 아가씨들의 모습도 낯설지 않을 것 같다.

전신 수영복에 상어 지느러미의 특성을 본뜬 기술이 사용되기도 한다. 저항을 많이 받는 지느러미 표면에는 작은 돌기가 돋아나 있는데, 이 작은 돌기가 물의 저항을 줄여 주기 때문에 상어는 물속에서 시속 60킬로미터로 헤엄칠 수 있다. 상어 지느러미의 표면 구조를 본뜬 전신 수영복은 거칠게 느껴지는 돌기로 덮여 있어 더 빨리 헤엄칠 수 있다.

상어보다 두 배 이상 빠른 돛새치의 피부 구조를 응용하는 연구도 진행되고 있다.

2005년 공기저항을 줄이기 위해 열대어의 일종인 거북복의 형상을 본떠 설계한 자동차가 발표되었다.

물속에서 한 번 날아오르면 약 400미터를 활공 비행하는 날치, 뒷날개의 꼬리를 사용하여 높은 양력을 얻어 내는 제비나비, 꽃이 받는 공기 저항을 줄이려고 바람을 등지게끔 줄기를 휘는 수선화 등 자연계의 생명체들은 모두 생체모방공학의 훌륭한 연구 대상이다.

도마뱀붙이와 연잎

자연에서 배울 것이 너무 많다. 생체모방공학에서는 자연을 본뜬 나노물질을 개발한다. 이렇게 보면 나노기술은 새로운 것이라 할 수 없다. 자연은 35억 년 전부터 원자를 가지고 분자를 조립하여 복잡한 생명체와 물질을 만들어 왔기 때문이다. 이러한 자연의 나노기술을 흉내 내어 만든 나노물질은 한두 가지가 아니다.

자연을 본떠 개발한 대표적인 나노물질은 게코(도마뱀붙이)의 특이한 능력을 모방한 것이다. 열대지방에 사는 도마뱀붙이는 몸길이가 30~50센티미터, 몸무게가 4~5킬로그램 정도의 작지 않은 동물이지만 벽을 따라 달리는가 하면 천장에 거꾸로 매달려 걷기도 한다. 만유인력의 법칙을 거스르는 도마뱀붙이의 능력은 발가락 바닥의 특수한 구조에서 비롯된다. 발가락 바닥에 있는 작은 주름은 솜털로 덮여 있다. 규칙적으로 빽빽하게 배열된 솜털은 1제곱밀리미터당 약 1만

게코(오른쪽)의 발바닥

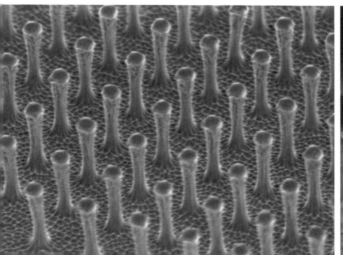

5,000개에 이른다. 발가락 한 개에는 약 50만 개의 솜털이 있다. 솜털은 작은 빗자루처럼 생겼으며 솜털의 자루 끝에는 잔가지가 수백 개 나와 있다. 잔가지의 끝은 오징어나 거머리의 빨판처럼 생겼는데, 지름이 수백 나노미터 정도이다. 이러한 나노빨판 덕분에 도마뱀붙이는 천장에 매달려 걸어 다닐 수 있는 것이다.

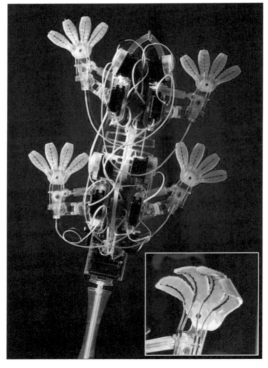

스티키봇

나노기술 전문가들은 도마뱀붙이의 나노빨판을 모방하여 나노접착제를 개발하고 있다. 벨크로의 경쟁 상대가 되는 이 나노접착제는 1962년 첫선을 보인 만화 주인공 스파이더맨(거미인간)처럼 천장과 벽을 걸어 다니는 꿈을 현실로 만들어 줄지도 모른다.

미국 스탠퍼드 대학의 김상배 연구원은 도마뱀붙이처럼 미끄러운 유리 벽면을 기어오를 수 있는 로봇을 개발했다. 끈적이 로봇의 뜻을 지닌 '스티키봇'이다. 미국 시사 주간지『타임』에 2006년 최고의 발명품으로 선정된 스티키봇의 밑바닥에는 도마뱀붙이 발바닥의 미세한 털(섬모)을 모방하여 만든 섬모가 수백 개 붙어 있다. 초당 4센티미터의 속도로 미끄러운 벽을 기어 올라갈 수 있다.

도마뱀붙이의 발바닥 못지않게 나노기술에서 인기가 높은 연구 대상은 연의 잎사귀이다. 연은 연못 바닥 진흙 속에 뿌리를 박고 자라지만 꽃은 수려하고 잎사귀는 항상 깨끗하다. 비가 내리면 물방울이 잎을 적시지 않고 주르르 흘러내리면서 잎에 묻은 먼지나 오염 물질을 쓸어 내기 때문이다. 연의 잎사귀가 물에 젖지 않고 언제나 깨끗한 상태를 유지하는 현상을 '연잎 효과'라 한다.

1997년 독일의 식물학자인 빌헬름 바르틀로트 교수는 연잎을 현미경으로 관찰하고, 잎의 표면은 작은 돌기로 덮여 있고 이 돌기의 표면은 티끌처럼 작은 솜털로 덮여 있기 때문에 연

연잎 표면의 나노돌기(왼쪽) 때문에 물은 방울 상태로 있다가 굴러떨어진다.

잎 효과가 나타난다는 것을 밝혀냈다. 작은 솜털은 크기가 수
백 나노미터 정도 되므로 나노돌기라 부를 수 있다. 수많은
나노돌기가 연잎의 표면을 뒤덮고 있기 때문에 물방울은 잎
을 적시지 못하고 먼지는 빗물과 함께 방울져서 떨어지는 것
이다.

　저절로 방수가 되고 때가 끼는 것을 막아 주는 연잎 효과를
응용할 수 있는 가능성은 무궁무진하다. 무엇보다 때를 방지
하는 자동 정화 표면은 자주 청소를 해야 하는 생활용품에 활
용된다. 예컨대 화장실 변기 표면에 나노돌기를 만들면 항상
청결을 유지할 수 있다. 가정에서 목욕탕, 주방, 계단, 창틀
등 침전물이 형성되는 장소에 연잎 효과를 응용한 자동 정화
표면 기술이 적용된 제품을 사용하면 구태여 걸레로 청소하
는 수고를 하지 않아도 될 것이다.

자동 정화 표면은 물건과 접촉하는 부위에 때가 끼는 것을 막을 수 있으므로 물건에 지문이나 손자국이 생기지 않게끔 할 수도 있다. 특히 담벼락이나 공중 화장실 따위의 낙서를 제거하는 데 소요되는 비용이 절감된다. 담벼락에 연잎 효과를 응용하여 개발한 페인트를 칠해 두면 고압의 물을 뿌려 낙서를 손쉽게 세척할 수 있기 때문이다.

　연잎 효과를 응용한 옷도 입을 수 있다. 물에 젖지도 않고 더러워지지도 않는 옷이 개발되었다. 이 옷을 입으면 음식 국물을 흘리더라도 손으로 툭툭 털어 버리면 된다. 이 옷의 섬유 표면에는 연잎 효과를 나타내는 아주 작은 보푸라기들이 수없이 붙어 있다.

자연모사공학

자연을 본뜨는 생체모방공학보다 한 단계 진보된 개념인 자연모사공학이 출현했다. 자연모사공학은 생명체와 더불어 자연의 생태계까지도 고려하여 자연의 원리와 현상을 모방하고 활용하는 공학 기술이다. 생체모방공학과 연구 범위가 대부분 중복되지만 자연모사공학은 다섯 가지 분야로 분류된다.

첫째, 구조와 재료 분야에서는 도마뱀붙이의 나노솜털을 응용한 부착물, 연잎과 토란 잎 표면을 본뜬 자동 정화 기술, 엉겅퀴 또는 도꼬마리의 씨앗을 모방한 접착 테이프, 나뭇잎 새싹이 밖으로 나오면서 넓게 퍼지는 것을 본뜬 우주선의 태양전지, 거북복의 형상을 모사한 자동차 등을 연구한다.

둘째, 기구와 공정 분야에서는 곤충이나 갑각류의 운동을 흉내 낸 동물로봇, 고분자를 이용한 인공 근육을 개발한다.

셋째, 동작과 제어 분야에서는 인공지능을 가진 청소 로봇을 개발하고 개미의 생태를 인간 세계에 응용하는 연구를 한다.

넷째, 센서와 통신 분야에서는 혀, 코, 눈, 귀 등 감각기관의 기능을 모방한 감지 장치(센서)를 개발한다.

다섯째, 세대 간 생체모방 분야에서는 생물이 진화하는 원리를 응용한 컴퓨터 소프트웨어를 개발하여 가령 복잡한 기계 설계 등을 신속히 처리하는 문제 해결 방법을 모색한다.

이처럼 자연모사공학은 단순히 자연을 본뜨는 데 머물지 않고 자연과 인간이 공존할 수 있는 방안을 탐구하는 새로운 공학적 접근 방법으로 각광을 받고 있다.

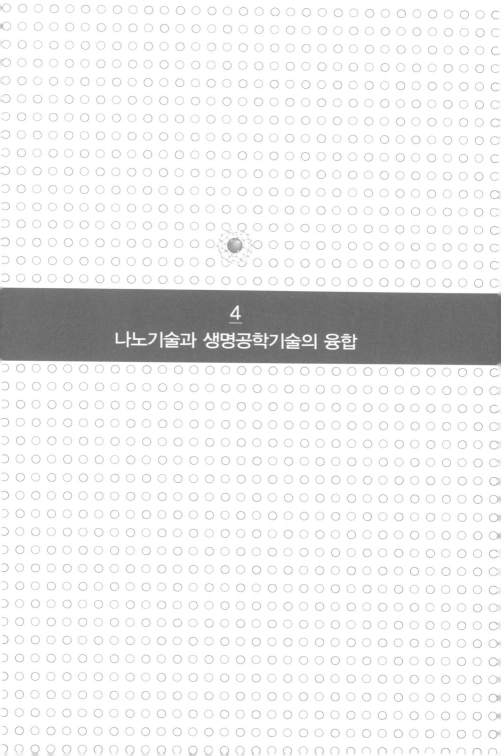

4
나노기술과 생명공학기술의 융합

나노바이오기술

바이오칩

나노기술의 응용이 가장 기대되는 분야의 하나는 생명공학
기술(바이오테크놀로지)이다. 나노기술과 바이오기술의 만남은
필연적인 것이다. 생명체의 기본 단위인 세포 속에서 일어나
는 활동의 대부분이 나노미터 수준에서 진행되기 때문이다.
나노기술과 바이오기술이 융합된 분야를 '나노바이오기술' 이
라고 한다.

나노기술을 응용한 바이오기술 중에서 가장 성공적인 것으
로는 바이오칩을 꼽는다. 바이오칩이란 생체 물질을 분석하
고 관련된 반응을 제어하는 생화학적 칩(집적회로를 붙인 반도체
조각)이다. 바이오칩에는 DNA칩, 단백질칩, 랩온어칩 등이
포함된다.

DNA 구조는 두 개의 긴 사슬이 나선 모양으로 얽혀 있다. 두 사슬은 서로 손을 맞잡은 염기의 결합으로 연결된다. 염기는 특정 상대와만 결합하여 쌍을 이룬다. 가령 한 사슬의 아데닌과 다른 사슬의 티민[AT], 구아닌과 시토신[GC]은 결합하지만 A-G, T-C 따위의 결합은 생기지 않는다.

이와 같이 염기가 상보적으로 결합하기 때문에 한쪽 사슬의 염기 배열이 결정되면 자동적으로 다른 쪽 사슬의 염기 배열이 결정된다. 예컨대 한 사슬의 염기 배열이 ATCG라면 다른 사슬은 TAGC이다.

DNA칩은 염기 배열의 상보성을 응용하는 장치이다. 컴퓨터의 칩을 만들 때와 비슷한 공정으로 제조된다. 컴퓨터칩에

DNA칩

는 전자소자가 집적되지만 DNA칩에는 유전자가 들어 있다는 것이 다를 뿐이다. DNA칩에는 특정 유전자의 한쪽 DNA 사슬이 부착되어 있다. 대개 사슬 안에는 그 유전자 특유의 짧은 조각이 들어 있다.

DNA칩을 사용하려면 먼저 혈액에서 DNA 견본을 추출하여 두 사슬을 분리시킨 다음에 한 사슬을 작은 조각으로 절단한다. 작은 조각들은 각각 형광 물질로 표시한다. 이러한 DNA 조각을 DNA칩 위로 보낸다. DNA 조각의 염기 배열이 칩 위의 염기들과 상보적으로 결합하면 두 가닥이 형성된다. 두 가닥의 결합 강도는 형광 물질로 표시된다. 컴퓨터로 칩 표면에서 반짝이는 형광 물질의 위치를 읽어서 DNA의 구성 요소를 판독하게 된다. 요컨대 한 방울의 피에서 추출한 DNA로 그 사람의 유전 정보 전체를 알아낼 수 있다.

1996년 첫선을 보인 엄지손톱 크기만 한 DNA칩은 유방암 등 각종 암을 일으키는 유전자를 탐지할 수 있다. DNA칩으로 누구나 몇 살에 어떤 병에 걸리게 될지를 미리 알 수 있게 되므로 질병의 예방이 가능해질 것으로 전망된다. 반도체칩이 컴퓨터 산업에 혁명을 일으킨 것처럼 DNA칩이 질병 예방에 혁명적 변화를 몰고 올 것 같다.

DNA칩으로는 유전자를 분석하지만 단백질칩으로는 단백질을 분석한다. 단백질칩은 특정 단백질과 반응할 수 있는 수백 종류의 서로 다른 단백질을 고체 표면에 나열한 뒤에 이들과 반응하는 생체분자를 분석하는 장치이다. 따라서 단백질 칩은 질병의 원인 분석을 유전자 수준에서 단백질 수준으로 확대한 기술이라 할 수 있다.

가장 난이도가 높은 바이오칩 기술인 랩온어칩은 '칩 위의 실험실'로 불리는 엄지손가락만 한 크기의 장치로서 질병 검사에 필요한 여러 분석 장비를 하나의 칩 안에 넣어 둔 것이다. 극소량의 혈액이나 조직을 반응시키면 단시간에 질병 유무를 판독할 수 있다. 의사들은 몇 가지 분석 장비가 들어 있는 랩온어칩 하나를 들고 환자의 집으로 왕진을 다니게 될지 모른다.

바이오칩은 질병 진단뿐만 아니라 일상생활의 모든 영역에 파고들 전망이다. 휴대전화에 묻은 땀 한 방울로 사람의 신체 특성을 알려 주거나, 수질 검사를 하는 바이오칩이 등장할 것이기 때문이다.

나노바이오센서

질환 진단에는 바이오칩과 함께 나노바이오센서의 비중이 갈수록 커질 것으로 예상된다. 센서(감지 장치)란 특정한 물질이나 분자가 있는지 없는지, 또는 얼마나 많이 있는지 알려 주는 장치이다. 자연에는 곳곳에 센서가 존재한다. 사람 역시 몸 안에 센서를 여러 가지 지니고 있다. 눈으로 보고(시각), 귀로 듣고(청각), 혀로 맛을 구별하고(미각), 코로 냄새를 맡고(후각), 몸 세포로 감촉을 느낀다(촉각). 이처럼 인간을 비롯한 생물체들은 성능이 뛰어난 천연의 바이오센서를 몸에 지니고 있다. 바이오센서란 사람의 코나 혀처럼 특정 물질의 존재 여부를 확인하는 장치이다.

먼저 생물 자체가 바이오센서 역할을 한다. 포도주 전문가는 코와 혀로 술의 품질을 판정하고, 향수 전문가는 코로 냄새를 판별한다. 포도주 전문가나 향수 전문가는 사람 자체가 바이오센서의 기능을 가진 셈이다. 동물의 경우 광산의 채굴 현장에 사용되는 카나리아가 바이오센서인 셈이다. 카나리아는 메탄가스를 마시고 죽음으로써 광부들에게 위험을 알려주는 고마운 새이다.

몸의 세포 역시 고도로 민감한 바이오센서이다. 세포는 크기가 수십 마이크로미터이므로 마이크로바이오센서라 할 수 있다. 한편 세포를 구성하고 있는 생체분자는 크기가 나노미터 수준이므로 나노바이오센서인 셈이다.

나노 규모 센서로 가장 널리 이용되는 생체분자로는 효소, 항체, DNA 등이 있다. 효소는 세포 안에서 화학반응의 속도를 조절하는 촉매 단백질로서 특정 성분하고만 결합하여 반응을 진행하므로 바이오센서 기능을 갖는다. 항체는 몸속에 침입한 이물질을 탐지하여 공격하는 방어 단백질로서, 바이러스 표면의 특정 분자(항원)와 선택적으로 결합하므로 성능이 뛰어난 바이오센서라고 할 수 있다. DNA사슬 역시 상보적인 염기 배열을 가진 DNA사슬하고만 선택적으로 결합하므로 나노바이오센서의 기능을 갖고 있는 셈이다.

이러한 생체분자의 기능을 응용하여 분자 수준에서 물질을 검출하는 나노 규모의 바이오센서를 개발하면 응용 범위는 무궁무진할 것으로 전망된다. 나노바이오센서는 식료품 포장재에 사용되어 음식이 부패했는지 금방 알아낼 수 있다. 독가스 따위의 화학물질이 누출되는지 항상 탐지하는 장치에 사용될 수 있으므로 생물학적 테러의 대응 수단으로 안성맞춤이다. 공항에서 승객들이 옷을 모두 벗지 않아도 폭발물을 숨기고 있는지 확실히 알 수 있는 탐지 장치에도 사용된다. 의약품이나 화학제품의 독성 검사에도 활용될 수 있다.

나노바이오센서를 이용한 질병 탐지 시스템으로는 당뇨병이나 탄저병 등 질병을 신속히 발견할 수 있다. 사람의 몸 안에 투입되어 환자의 건강을 돌보는 나노바이오센서도 개발될 전망이다. 가령 당뇨병은 포도당이 많이 섞인 병적인 오줌, 곧 당뇨가 오랫동안 계속되는 질병이다. 당뇨병은 당을 분해하는 인슐린을 제대로 만들지 못해 혈당(혈액에 포함된 포도당) 조절이 어려운 상태이다. 인슐린은 췌장에서 분비되는 단백질 호르몬이다. 핏속의 포도당 농도가 너무 높으면 생명이 위험할 수 있다. 따라서 당뇨병 환자에게는 혈중 포도당 농도를 측정하는 일이 매우 중요하다. 이러한 포도당 검출 임무를 나노바이오센서에게 맡길 수 있다. 몸 안의 나노바이오센서가 혈당량을 계속 감시하다가 일정 수치를 넘어서게 되면 펌프를 통해 인슐린을 투입하여 생명을 지킬 수 있다.

나노바이오센서는 식품·의료·보안 등 거의 모든 분야에서 사람의 코나 혀처럼 미량의 유해 물질이라도 금방 탐지하고 단 한 개의 바이러스도 신속히 감지하여 인류의 건강을 지켜 줄 것으로 기대를 모으고 있다.

장성 나노바이오 연구센터

나노바이오기술은 세계 각국이 정부 차원에서 연구 개발 투자를 서두르는 분야이다. 우리나라 역시 몇몇 정부 출연 연구기관과 대학에서 대규모 개발 사업을 추진하고 있다.

고급 인력과 개발 예산이 충분히 뒷받침되어도 그 성공 가능성이 불확실한 나노바이오기술 분야에 일개 지방자치단체가 도전장을 내밀어 이목을 집중시키고 있다. '장성 나노바이오 연구센터'를 두고 하는 말이다.

2006년 10월 설립된 이 연구센터는 전라남도 장성군에서 운영한다. 장성군은 인구 4만 7,000여 명에 예산 규모(2009년)는 2,510억 원(재정 자립도 12.9퍼센트)으로 홍길동 생가, 백양사, 축령산 휴양림

등으로 유명한 농촌이다.

장성군은 생물자원을 활용하여 환경친화적인 소재를 산업화하기 위해 나노바이오 연구센터를 설립한 것으로 알려졌다. 중점 추진 사업에는 왕겨로부터 나노 소재를 추출하거나, 의약용의 나노분말을 산업화하는 과제가 포함되어 있다.

특히 장성군의 축령산 휴양림에는 전국 최대의 편백나무 수풀이 조성되어 있어 이 편백림으로부터 휘발성 항균 물질을 추출하여 의약용 나노 소재를 만들 계획이다.

이 나노 소재는 천식이나 아토피 같은 환경성 질환과 심혈관 질환의 치료제로 크게 기대를 모으고 있다.

장성군 축령산 휴양림 안에는 전국 최대의 편백림이 조성되어 있다.

나노의학

양자점으로 조기 진단

나노기술은 의학에 혁명적인 변화를 초래할 것으로 예상된다. 몸 안의 생체분자는 나노미터 크기이므로 가령 암과 같은 병은 나노미터 크기에서부터 시작된다고 할 수 있다. 질병을 일으키는 병원체(바이러스)의 크기 역시 나노미터 수준이다. 이처럼 질병은 나노미터 크기에서 발생하므로 나노기술로 처리할 수 있는 것이다. 나노기술이 의학과 융합된 것을 '나노의학'이라 한다.

병원체 따위가 몸에 침입하면 방어 단백질(항체)이 나서서 물리친다. 항체는 크기가 10나노미터, 바이러스는 100나노미터이다. 그러므로 나노의학은 10~100나노미터 사이에서 질환의 조기 발견, 약물 전달, 질병 치료에 필요한 기술을 개발하고 있다.

나노기술을 의학에 활용하는 첫 번째 시도는 '분자 진단'이다. 분자 진단이란 우리 몸 안의 생체분자 수준에서 나노기술을 활용하여 질병의 발생을 진단하는 것을 의미한다.

암이 진행되어 악성종양 덩어리가 포도알 크기가 되면 그 안에는 1조 개의 세포가 들어 있다. 따라서 종양 덩어리가 되기 전에 세포 몇 개 정도의 수준 또는 아주 작은 분자 수준일 때 암을 발견할 수 있다면 환자의 생명을 구할 수 있다.

2004년 미국 과학자들은 나노기술을 사용하여 암으로 보이는 세포들만 빛을 내도록 하는 방법을 개발했다. 먼저 빛을 내는 나노미터 크기의 발광 표지를 만들고, 이 표지 표면에 암세포에만 달라붙는 찍찍이 같은 분자를 붙였다. 따라서 발광 표지를 몸속에 주사하면 암세포에만 부착하여 빛을 내놓기 때문에 암이 발생한 위치를 알아낼 수 있는 것이다.

발광 표지로 개발된 것은 '양자점'이다. 양자점은 반도체 물질로 만든 일종의 나노입자이다. 지름이 몇 나노미터 정도인 구형 또는 정육면체 모양의 결정체이므로 '반도체 나노결정체'라 불린다. 양자점은 상업적인 명칭일 따름이다. 단 몇 백 개의 원자만으로 이루어진 양자점은 크기에 따라 여러 종류의 빛을 방출하는 특성을 갖고 있다.

양자점을 사용하면 간암, 유방암, 폐암, 전립선암 따위를 단 한 번의 진단으로 찾아낼 수 있는 것으로 확인되었다. 양자점이 포함된 알약을 한 알만 삼키면 유방이나 전립선에서 종양으로 바뀌기 시작한 세포들이 촛불처럼 깜박거리는 것을 보고 종양을 일찌감치 제거할 수 있는 날이 다가오고 있다.

물론 랩온어칩과 같은 바이오칩을 환자의 몸 안으로 집어넣어 질환을 진단하게 될 날도 머지않았다.

약물 전달 방법

나노의학에서는 약물을 환자의 몸 안에서 효과적으로 전달하는 방법을 연구한다. 약물 전달 연구의 목표는 '생체가용성'을 최대화하는 데 있다. 생체가용성이란 약물 분자가 몸 안에서 필요한 때에 꼭 필요한 부위에서 최상의 작용을 하는 것을 의미한다.

오늘날 암을 치료하는 항암제의 경우, 종양 부위의 세포만을 공격하는 것이 아니라 환자의 몸 전체를 강타한다. 이러한 화학요법은 마치 융단 폭격을 하는 것처럼 우리 몸의 모든 세포를 공격하므로 암 환자들은 머리가 빠지고 위장 장애를 일으키게 된다. 약물의 일부는 병든 기관이나 암 조직에 도달하기 전에 용해되어 버리기도 하므로 약물의 효능이 제대로 나타날 수 없다.

이러한 화학요법의 부작용을 나노기술로 해결하여 세계적 명성을 획득한 인물은 미국의 로버트 랭어이다. 랭어는 항암제를 특정 부위에만 전달하여 종양만을 공격하고 다른 부위에는 타격을 주지 않는 약물 전달 방법을 고안했다. 그는 폴리머(중합체)로 만든 얇은 원판(웨이퍼) 안의 나노 크기 구멍 안으로 약효를 지닌 분자를 많이 넣었다. 폴리머는 플라스틱이나 탄수화물을 이루는 분자들처럼 같은 모양이 반복되는 길다란 분자이다.

약물 분자를 몸속으로 주사하지 않고 폴리머 같은 물체 안에 집어넣어 입안으로 삼키면 폴리머 구조가 열리면서 약물이 몸 안으로 방출된다. 이때 약물 분자가 나오는 속도가 느릴 뿐만 아니라 그 속도를 조절할 수도 있다. 이 방법을 사용하면 하루에 한 번 또는 일주일에 한 번만 약을 먹더라도 오랜 시간 약물이 조금씩 연속적으로 병든 부위에만 전달되므로 암 치료에 효과적이다. 요컨대 랭어의 약물 전달 방법은 공간적으로는 항암제를 필요한 부위에만 국지적으로 전달할 수 있고, 시간적으로는 폴리머 구멍의 크기를 나노미터 수준까지 낮춤으로써 약물이 녹아 나오는 데 걸리는 시간을 수일에서부터 수년까지 자유자재로 조절할 수 있다.

나노의학에서는 '리포솜'의 특성을 응용한 약물 전달 기술을 개발하였다. 세포를 구성하는 물질은 대부분 물이다. 중량 비율로 보면 물이 85퍼센트에 이른다. 따라서 세포의 물이 외부와 그대로 섞여 버리는 것을 방지하는 생체막의 기능이 매우 중요하다. 생체막의 기능은 주로 단백질에 의하여 수행되

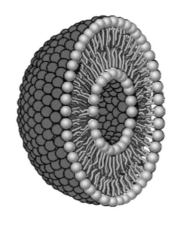

리포솜의 단면 구조(위)와 모양

지만 생체막의 구조는 지방질의 성질에 따라 결정된다. 생체막으로부터 추출한 지방질을 물에 넣고 휘저으면 여러 겹의 얇은 막이 자발적으로 형성된다. 이것을 리포솜이라 한다. 리포솜은 지름이 100나노미터 정도인 방울이다.

리포솜 안에 항암제를 가득 넣은 뒤 환자에게 투여하면 악성종양을 향해 혈액을 타고 이동한다. 리포솜에는 암세포와 잘 결합하는 분자들이 부착되어 있다. 리포솜과 암세포가 만나면 서로 합쳐지면서 리포솜 안에 들어 있는 약물이 암세포 안으로 주입되므로 종양을 파괴할 수 있다. 리포

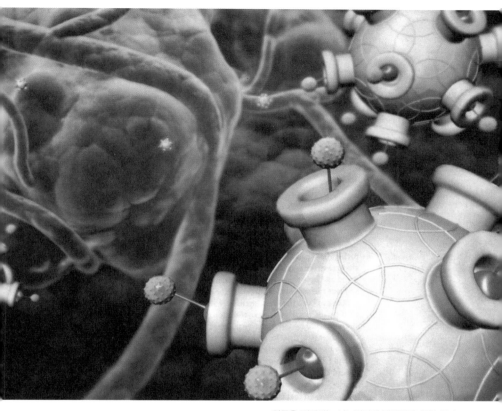

약물을 전달하는 나노입자에 단백질이 꽂혀 있다.
이 단백질은 나노입자가 병든 세포로 들어갈 때 열쇠 역할을 한다.

솜 안의 약물은 암세포를 백발백중으로 죽일 수 있으므로 '영리한(스마트) 폭탄'이라 불린다.

나노기술에서 개발되는 또 다른 약물 전달 방법으로는 '칩 위의 약국' 또는 '휴대용 약국'이라 불리는 기술이 연구된다. 칩 위의 약국은 이름 그대로 컴퓨터칩 위에 약국에서처럼 여러 종류의 약품을 나노입자의 형태로 저장해 둔 장치이다. 환자의 몸 안에 칩을 심기 전에 저장된 약물이 전달되는 시간과 양을 미리 프로그램으로 정해 둔다. 칩 위의 약국을 몸에 지닌 환자들은 언제 어떤 약을 복용해야 할지 기억할 필요가 없다. 휴대용 약국의 약품들은 장기간에 걸쳐 조금씩 환자의 몸에 전달되므로 투약 효과를 향상시킬 수도 있다.

칩 위의 약국 기술이 발전하면 몸 밖에서 몸 안으로 신호를 보내 약품이 환자 몸에서 방출되는 정확한 양과 시간을 조절하게 될 것으로 예상된다.

나노기술은 질병의 진단에서 치료까지 의학 분야에 혁명을 일으킬 것임에 틀림없다.

형광나노튜브

　2009년 4월 한국과학기술원(카이스트) 신소재공학과의 박찬범 교수가 세계 최초로 다양한 형광색을 내는 나노튜브를 개발하여 국제학술지에 발표했다.
　자기조립하는 기술을 이용한 형광나노튜브는 바이오센서나 약물 전달 물질 개발에 응용될 것으로 기대된다.

한국과학기술원에서 개발한 형광나노튜브

5
나노기술의 활용

정보기술과 나노기술

나노 크기의 트랜지스터

2003년 미국 컴퓨터 회사인 IBM은 나노기술을 이용한 정보 저장 장치인 '밀리페드(노래기)'를 선보였다. 모양이 절지동물인 노래기를 연상시키기 때문에 밀리페드라는 이름이 붙여졌다. 음습한 곳에 모여 낙엽 밑에 사는 노래기는 몸통이 20~30개의 마디로 되어 있고 건드리면 둥글게 말리며 고약한 노린내가 난다.

실리콘칩인 밀리페드에는 나노미터 크기의 탐침들이 있다. 이 탐침들이 표면에 미세한 홈을 만드는데, 이러한 홈은 한 개의 비트(정보량의 단위)를 나타낸다. IBM은 탐침의 수가 1,000개에 가까운 제품을 공개했으나 100만 개까지 늘릴 수 있다고 설명하였다.

    2003년 선보인 밀리페드는 1테라비트(1조 비트에 해당하는 정보량의 기본 단위)를 저장할 수 있다. 2002년 당시 사용되던 하드디스크 저장 장치보다 40배 많은 저장 능력을 보여 주었다. 따라서 기존의 정보 저장 기술인 하드디스크 장치의 한계를 뛰어넘을 수 있을 것으로 기대를 모은다. 1956년 세계 최초로 하드디스크 장치를 생산한 회사는 IBM이다. 또한 밀리페드는 크기가 작아서 노트북 컴퓨터, 휴대전화, 디지털 카메라 등에 사용될 수 있다.

    나노기술이 컴퓨터기술 분야에 혁명적 변화를 몰고 온 것은 정보 저장 기술만이 아니다. 탄소나노튜브를 이용하여 평면 디스플레이를 만들게 되었기 때문이다. 탄소나노튜브는 기존 텔레비전에 들어 있는 음극선관(CRT)보다 훨씬 낮은 전압에서 전자를 내어놓을 수 있으므로 음극선관을 대체할 수 있다.

    탄소나노튜브로 만든 평면 디스플레이는 화면이 아주 선명

밀리페드

해서 어떤 각도에서도 잘 보이며 화면이 아주 밝아서 햇빛을 받더라도 잘 보인다. 또한 전력 소모가 줄어든다. 가격도 내려갈 것으로 전망된다. 요컨대 훨씬 저렴한 가격으로 가볍고 화질이 선명한 평면 디스플레이가 달린 텔레비전이나 컴퓨터를 구입할 수 있게 된 것이다.

탄소나노튜브는 반도체 산업에도 큰 영향을 미치게 된다. 1998년 임지순 교수에 의해 탄소나노튜브가 반도체의 성질을 갖는다는 사실이 밝혀져서 실리콘 반도체보다 집적도가 높은 칩을 만들 가능성이 확인되었고, 같은 해에 네덜란드의 공학 기술자들은 반도체칩의 기본 단위인 트랜지스터를 한 개의 분자, 곧 탄소나노튜브 한 개를 이용하여 만들었다. 반도체 성질을 가진 탄소나노튜브 한 개를 사용하여 트랜지스터 한 개를 만들게 됨에 따라 트랜지스터의 크기를 분자 수준으로 줄일 수 있게 된 것이다.

플라스틱 반도체

나노기술은 탄소나노튜브와 함께 플라스틱 반도체에 의해 반도체 산업에 막대한 영향을 미칠 전망이다.

플라스틱은 폴리머라 불리는 분자들이 긴 사슬로 연결된 것이다. 폴리머의 특성 하나는 전기를 통하지 않는다는 것이었다. 전선의 절연을 위해 폴리머로 피복을 입히는 것도 폴리머가 절대로 전기를 통하지 않는다고 여겨졌기 때문이다.

그런데 1975년부터 세 명의 과학자, 곧 미국의 앨런 히거 (1936~), 뉴질랜드 태생의 앨런 맥더미드(1927~2007), 일본의 시라카와 히데키(1936~)는 공동 연구에 착수하여 폴리머에서 전기가 흐른다는 사실을 발견했다. 2000년 노벨 화학상은 이 세 사람에게 돌아갔다. 노벨상을 수여하는 자리에서 스웨덴 왕립과학원이 그들의 공적을 요약하여 발표한 연설문의 일부를 인용하기로 한다.

"그들은 드디어 해냈습니다. 플라스틱의 전도도가 1,000만 배나 증가한 것입니다. 플라스틱 필름이 금속처럼 전도성이 생겼습니다. 이것은 다른 사람들에게뿐만 아니라 연구자들에게도 놀라운 발견이었습니다. 왜냐하면 전기선을 플라스틱으로 싸는 것처럼 우리가 금속과 플라스틱을 함께 사용하는 이유는 그것이 절연체였기 때문입니다."

플라스틱의 유연성과 가벼움을 금속의 전기적 특성과 합칠 경우 가능한 응용 분야를 열거했다.

"미래의 이동전화 액정이나 평면 텔레비전 화면을 만드는 데 사용할 수 있는 전기적으로 발광하는 플라스틱은 어떻습니까? 아니면 반대로 전류를 만들기 위해 빛을 사용하는 것으로 환경친화적인 전기를 만드는 태양전지 플라스틱이 있습니다. 우리가 연소 엔진을 대체하고 환경친화적인 전기모터 자동차를 만들기 위해서는 가벼운 재충전용 건전지가 필요합니다. 이것이 전기를 통하는 플라스틱을 사용할 수 있는 또 다른 응용 분야입니다."

세 과학자가 플라스틱이 전기를 전도하는 수준을 조절하는 방법을 밝혀냄에 따라 플라스틱을 금속이나 반도체처럼 동작하도록 만들 수 있게 되었다. 반도체성 플라스틱은 나노입자를 첨가하여 제조한다. 플라스틱 반도체는 실리콘 반도체와 달리 고가의 제조 설비가 필요하지 않고 생산 비용도 저렴하기 때문에 실리콘 기술을 보완하는 역할을 하게 될 것으로 전망된다.

1989년 영국 과학자에 의해 폴리머에 전기에너지를 가하면 빛이 나오게 할 수 있음이 밝혀졌다. 따라서 발광 플라스틱을 이용하여 고무처럼 구부러지거나 휘어지는 발광 디스플레이 장치를 만들 수 있게 되었다.

플라스틱칩은 전자 종이로 실용화될 가능성도 높다. 전자 종이로 책이나 신문을 만들게 되면 언론과 출판 분야가 플라스틱 반도체의 영향을 받게 될 것이다.

그래핀

전자 산업에서 특별히 주목하는 나노물질은 그래핀이다. 연필심인 흑연으로부터 나오는 그래핀은 탄소 원자가 고리처럼 서로 연결되어 벌집 모양의·평면 구조를 가지고 있으며, 원자 한 개만큼의 두께에 불과하다. 그 특성은 아주 다양하다. 전도성이 구리보다 100배 이상으로 좋고, 가느다란 두께 때문에 투명하며, 신축성이 뛰어나서 휘거나 접을 수도 있다. 이런 특성 덕분에 그래핀은 접을 수 있는 모니터(플렉시블 디스플레이)와 초고속 집적회로 생산의 소재로 기대를 모으고 있다.

2005년 재미과학자인 김필립 박사가 그래핀에서만 나타나는 독특한 물리 현상을 발견하였다. 또한 우리나라 과학자들에 의해 그래핀을 대량합성하는 기술이 개발되기도 했다. 2009년 1월 『네이처』에 우리 과학자들의 논문이 실렸다. 그래핀이 전자 산업에 활용되려면 무엇보다 먼저 대량생산이 가능해야 하기 때문에 이 논문은 크게 주목을 받았다.

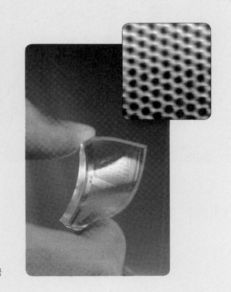

그래핀(위의 그림)으로 만든 투명 전극

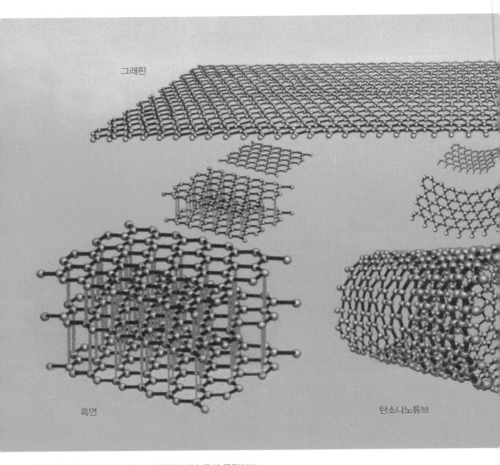

그래핀

흑연

탄소나노튜브

그래핀은 흑연, 탄소나노튜브, 버키볼의 기본 구성 물질이다.
흑연은 그래핀이 겹쳐 쌓인 것이며, 그래핀이 둥근 모양으로 감기면
탄소나노튜브와 버키볼이 된다.

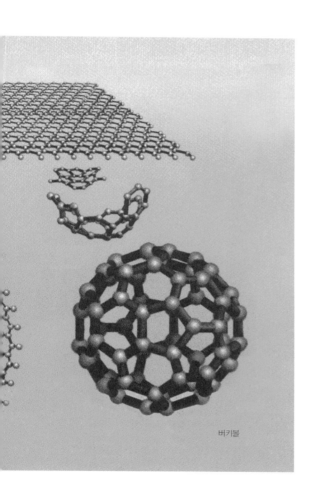

버키볼

에너지와 나노기술

태양전지

석유와 석탄 등 화석연료의 과도한 사용으로 대기 중의 이산화탄소 농도가 증가되어 지구 온난화 현상이 가속화되고 있는 데다가 전 세계 에너지의 대부분을 공급하는 석유의 매장량이 머지않아 바닥이 날 것이라는 우려의 목소리가 높다. 이러한 에너지 자원의 고갈과 지구 온난화의 문제를 동시에 극복하려면 에너지 소비량을 줄임과 아울러 온실가스를 적게 방출하는 새로운 에너지 자원을 활용하는 방법밖에 없다.

이러한 새로운 에너지 자원 중에서 가장 기대를 모으고 있는 것은 태양에너지이다. 태양은 날마다 우리가 필요로 하는 에너지의 1만 배 이상을 지구로 쏟아붓고 있다. 다시 말하면 태양에너지의 1만 분의 1만 전기에너지로 바꿀 수 있다면 날마다 우리가 필요로 하는 에너지의 양을 완전히 확보할 수 있다. 따라서 태양으로부터 오는 빛에너지를 흡수하여 전기에너지로 바꾸는 장치, 곧 태양전지가 개발되고 있다.

태양전지는 실리콘 반도체 박편(웨이퍼)을 사용하여 태양에너지를 전기에너지로 바꾸었으나 효율이 높지 않았다. 1992년에 실리콘 태양전지의 효율은 24퍼센트에 불과했다. 실리콘 반도체 대신에 플라스틱 반도체를 사용하는 태양전지가 개발되었으나 성능이 미흡하였다. 초창기의 플라스틱 태양전지는 태양전지에 흡수된 1만 개의 햇빛 알갱이 중에서 겨우 한 개에 들어 있는 에너지를 붙잡는 데 성공했을 뿐이기 때문이다. 이 문제를 해결한 사람은 플라스틱 반도체의 원리를 발견한 앨런 히거이다. 히거는 나노기술을 사용하여 태양전지의 효율을 끌어올리는 방법을 찾아낸 것이다.

플라스틱 태양전지는 아직도 해결해야 할 문제가 한두 가지

태양전지

가 아니지만 나노기술의 발달로 가볍고 잘 휘어지며 값싸고 효율적인 제품이 개발될 것으로 전망된다.

태양에너지의 1만 분의 1만 전기에너지로 바꾸어도 날마다 필요한 에너지의 양을 해결할 수 있기 때문에 지구 표면의 0.1퍼센트를 효율이 10퍼센트인 태양전지로 뒤덮으면 된다. 만일 태양전지의 효율이 50퍼센트가 되면 지구 표면의 0.02퍼센트만을 태양전지로 덮어도 된다. 사막 같은 넓은 지역에 태양전지를 펼쳐 놓으면 태양에너지를 손쉽게 흡수할 수 있을 것이다.

연료전지

태양전지처럼 에너지를 만들어 내는 장치도 중요하지만 배터리(전지)처럼 에너지를 저장하는 수단 역시 필요하다. 에너지를 시간과 공간에 구애받지 않고 사용하려면 에너지를 저장할 수 있어야 하기 때문이다.

화석연료 사용에 따른 환경오염이나 지구 온난화 문제를 해소할 수 있는 에너지 저장 수단으로 각광을 받는 것은 연료전지이다. 연료전지는 수소와 산소 사이의 화학적 작용을 이용하여 전기를 발생시킨다. 다시 말해 수소를 연료로 사용하는데, 수소는 공기 중에서 받아들인 산소와 작용하여 전기에너지를 생산하고, 부산물로 물을 내놓는다. 공기에서 얻을 수 있는 수소와 산소를 사용할 뿐만 아니라 부산물인 물 역시 무공해 물질이기 때문에 연료전지는 환경을 오염시킬 염려가 없다.

연료전지에서 가장 중요한 기술은 연료로 사용되는 수소를 생산하고 보관하는 것이다. 수소는 지구 상에서 가장 흔한 원소이지만 매우 가벼워서 하늘로 금방 날아가 버려 붙잡기가 쉽지 않다. 따라서 수소 분자를 연료전지에 사용하기에 적합한 형태로 생산하는 방법이 연구되고 있다.

수소 연료를 생산한 다음에 안전하고 효율적으로 보관하는 것도 간단한 일이 아니다. 수소 원자는 크기가 0.1나노미터에 불과하여 대부분의 물질을 그냥 통과할 수 있기 때문에 보관하기가 쉽지 않은 것이다. 게다가 수소는 부피가 엄청나게 팽창하는 특성이 있다.

가령 10파운드의 수소를 상온에서 보통 공기 압력 정도로 저장하려면 지름이 4.5미터인 풍선이 있어야 한다. 수소의 부피를 줄이는 한 가지 방법은 압력을 가해 수소를 압축하는 것이다.

압축된 수소를 보관하는 문제가 나노기술로 해결될 가능성이 높다. 고압의 수소를 저장할 수 있을 정도로 강력한 나노소재를 나노기술로 개발할 수 있게 되었기 때문이다. 또한 탄소나노튜브를 사용하면 수소 연료를 저장하는 능력이 상당히 증가한다.

연료전지는 먼저 자동차에 사용된다. 2003년 일본 자동차 업계는 연료전지 자동차 개발에 나섰다. 나노기술로 연료전지의 성능이 개선되면 대형 건물과 주택에서도 사용될 가능성이 높다.

그러나 연료전지가 널리 보급되려면 무엇보다 먼저 사용자들의 신뢰를 획득하지 않으면 안 된다. 수소가 폭발하여 비행선이 불길에 휩싸인 참사에 대해 이야기를 들어본 적이 있는 소비자라면 수소 연료가 위험하다는 고정관념을 갖고 있을 것이기 때문이다.

몸속의 생물연료전지

수소연료전지는 노트북 컴퓨터와 같은 휴대용 전자기기에 활용될 뿐만 아니라 사람 몸 안의 혈관 속에서도 사용될 것 같다.

2002년 미국 텍사스 대학 과학자들은 인체의 혈관 안에서 전기를 생산하는 생물연료전지를 개발했다. '흡혈귀 로봇'이라 명명된 이 연료전지는 인체의 활동에 사용되는 화학에너지를 획득하여 전자기기를 돌릴 만한 양의 전기에너지를 생산할 수 있으므로 핏속에서 활동할 나노로봇에게 필요한 에너지를 공급할 수 있다.

2003년 일본 과학자들은 한 사람의 혈액에서 최대 100와트의 전기를 생산할 수 있다는 논문을 발표하였다.

연료전지 자동차에 사용될 수소의 보관에 나노기술이 활용된다.

환경과 나노기술

나노 규모의 센서

나노기술은 환경오염 문제를 해결하는 데 큰 도움을 줄 수 있다. 나노기술을 환경에 적용하는 연구 개발이 다양하게 진행되고 있다. 환경을 깨끗하게 유지하기 위하여 나노입자를 사용하는 것이 그 좋은 사례이다.

나노입자는 환경과 생명체에 해로운 화학물질과 반응하여 중화시키기 때문에 수질을 깨끗하게 정화할 수 있다. 제초제 따위의 농약이 스며들어 물고기가 살 수 없게 된 강물도 나노입자를 사용하면 아이들이 헤엄칠 수 있을 정도로 깨끗하게 되돌려 놓을 수 있다.

어린이들이 멱을 감는 강이나 첨벙거리며 뛰어노는 시내의 수질을 정화하려면 먼저 수질 검사를 할 필요가 있다. 나노

규모의 센서를 사용하면 물에 존재하는 각종 병원균과 세균을 신속하고도 간단한 방법으로 감지할 수 있다.

환경오염을 감지하기 위하여 나노바이오센서를 투입할 수 있는 분야는 한두 가지가 아니다. 가령 소각로나 자동차에서 나오는 배기가스를 검사하는 것처럼 대기 오염을 측정한다. 공장에서 배출되는 폐수의 감시에서부터 의약품이나 화학품의 독성 검사 또는 식품의 품질 검사에 이르기까지 다양하게 활용된다.

식품의 품질을 검사할 경우, 나노바이오센서는 음식에 함유된 유해 물질을 탐지할 수 있다. 미국에서는 외국으로부터 과일과 채소가 수입되는 항구에 나노센서를 비치하여 식품을 검사한다.

한편 2003년 미국 매사추세츠 공대의 티머시 스웨거는 특정한 신경 독성 물질을 감지하는 센서를 만드는 방법을 발표하였다. 신경가스를 이루는 분자는 사람의 몸 안에서 신경 기능을 정지시킨다. 스웨거의 센서는 나노미터의 수준에서 신경가스를 민감하게 감지한다.

스웨거는 미국 육군의 자금을 받아서 신경가스를 자동적으로 중화시키는 전투복을 연구한다. 이 전투복은 나노미터 크기의 구멍이 뚫려 있는 물질로 만들어지기 때문에 신경가스를 감지하고 중화시킬 수 있다.

이러한 특수 의복은 화학 폐기물이 배출되거나 농약이 살포

된 환경오염 지역에서 독성 물질로부터 사람을 보호해 줄 것으로 전망된다.

제올라이트

환경을 보전하려면 독성 물질이나 오염 물질을 신속히 감지하는 것 못지않게 이러한 유해 물질이 방출되지 못하도록 사전에 대비를 하지 않으면 안 된다.

유해 물질의 배출을 억제하려면 분자의 혼합물로부터 독성 물질의 성분을 분리해 낼 수 있어야 한다. 물질을 분리할 때 가장 흔히 사용되는 방법은 가루를 거르는 체와 같은 역할을 하는 나노 크기의 구멍을 통해 물질을 걸러 내는 것이다. 이러한 물질 분리 방법은 '나노여과법'이라 한다. 나노여과법은 미립자를 제거하는 능력이 탁월하여 수질 정화에서부터 하수의 독성 제거에까지 응용된다.

나노기술을 이용하여 상업적으로 성공한 대표적인 여과 장치(필터)는 제올라이트이다. '분자의 체'라고 불리는 제올라이트는 나노미터 크기의 구멍들이 숭숭 뚫려 있는 고체 물질이다. 제올라이트는 결정체이므로 똑같은 크기의 구멍을 여러 개 갖도록 만들 수 있다. 또한 여러 가지 크기의 구멍을 만들 수도 있다. 이러한 구멍은 크기가 분자만 해서 지름은 1나노미터 정도이다. 따라서 작은 분자들만 나노 구멍을 빠져나가

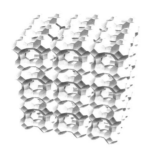

제올라이트의 결정 구조(왼쪽)와 실물 사진

고 큰 분자는 걸러진다. 말하자면 제올라이트는 분자 여과 장치의 기능을 갖고 있는 것이다.

제올라이트가 분자를 거르는 체 역할을 하므로 분자를 분리하고 정제하는 일에 사용된다. 예컨대 원유에서 원하는 성분만을 추출하고 납과 같은 중금속을 제거하여 휘발유를 정제하는 데 활용되고 있다.

한편 제올라이트는 촉매로도 활용된다. 분리 기술에 촉매 기술을 결합한 셈이다. 촉매 기능을 가진 나노입자를 제올라이트 구조 안에 넣어 두면 이 촉매 입자들에 의해 제올라이트의 반응성이 달라진다. 제올라이트의 나노 구멍보다 크기가 작은 분자만 반응이 일어나게 하거나 배출되게 할 수 있으므로 원료를 효율적으로 사용하고 폐기물의 배출량을 줄일 수 있다.

제올라이트를 이용하는 촉매 전환 장치는 자동차의 필수품이 되고 있다. 이는 자동차의 배기관으로 나오는 공해 물질의 배출을 줄여 준다. 자동차 엔진에서 나오는 물질 대부분을 공기 밖으로 배출되기 전에 제거한다.

제올라이트는 가정의 에어컨 안에도 들어 있으며 수돗물에 함유된 오염 물질을 걸러 내는 데도 사용된다. 이와 같이 제올라이트는 해로운 분자를 분리해서 독성을 제거해 주기 때문에 환경을 보호하는 일에 크게 활용되고 있다.

유룡 교수의 제올라이트

2009년 한국과학기술원(카이스트) 화학과의 유룡 교수가 메탄올을 가솔린으로 만드는 석유화학 공정에서 사용되는 기존의 제올라이트 촉매보다 구멍은 커지고, 두께는 얇아진 제품을 만들어 국제 학술지 『네이처』 9월 10일자에 발표했다.

탄소를 한 개 가진 메탄올을 제올라이트의 구멍에 통과시키면 탄소가 6개 이상인 가솔린으로 바뀐다. 유룡 교수는 기존 제품보다 5배 정도 가솔린을 더 많이 생산할 수 있는 제올라이트 촉매를 세계 최초로 합성하는 데 성공했다.

유룡 교수의 제올라이트는 구멍 크기가 최대 10나노미터까지 확장되므로 메탄올을 가솔린으로 바꿔 주는 효율이 기존 제품보다 5배 정도 향상된 것이다. 또한 두께도 2나노미터까지 줄였다. 이론적으로 가장 얇게 만들 수 있는 제올라이트 두께는 2나노미터이므로 이론상 최소 두께를 실현시킨 셈이다.

유룡 교수(가운데)가 제올라이트를 합성하는 기구를 가리키고 있다.

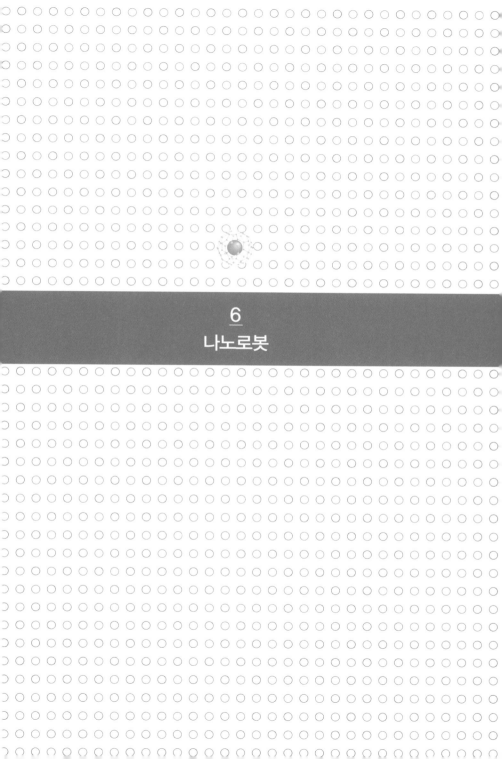

6
나노로봇

질병을 고치는 나노로봇

세포 수복 기계

에릭 드렉슬러는 나노기술에 관한 최초의 저서로 자리매김된 『창조의 엔진』(1986)에서 리처드 파인만이 사람 몸속을 돌아다니는 기계를 꿈꾼 것처럼 혈류를 누비고 다니는 로봇을 상상했다. 이러한 나노로봇은 핏속을 항해하면서 바이러스를 만나면 즉시 격멸한다. 또한 세포 수복 기계라 불리는 나노로봇은 세포 안으로 들어가서 마치 자동차 정비공처럼 손상된 세포를 수선한다.

드렉슬러는 세포 수복 기계를 다음과 같이 꿈꾸었다.

"우리는 세포 안으로 들어가서 구조를 감지하여 변경시킬 수 있는 기계를 만들게 될 것이다. 세포 수복 기계는 크기가 박테리아와 바이러스에 견줄 만하다. 백혈구 세포처럼 조직

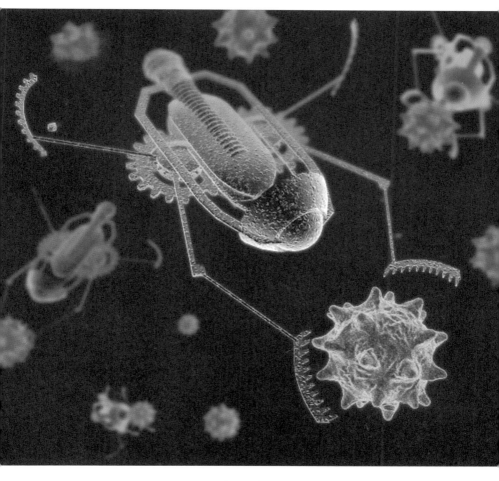

나노로봇이 몸 안에서 바이러스를 탐지하여 격멸하고 있다.

안에서 돌아다니고 바이러스처럼 세포 안으로 들어갈 것이다. 세포 안에서는 먼저 세포의 내용물과 활동을 검사하여 상황을 파악하고, 다음에는 행동을 취한다."

이어서 세포 수복 기계가 하는 일이 소개된다.

"세포 수복 기계는 분자 하나하나에 대하여, 또 구조 각각에 대하여 작용을 하여 세포 전체를 수선하게 된다. 세포 하나하나에 대하여, 또 조직 각각에 대하여 작용을 하여 기관 전체를 수선하게 된다. 한 사람에 대해 기관 하나하나에 작용을 하여 건강을 되찾아 준다. 분자기계는 분자와 세포를 처음부터 만들 수 있으므로 완전히 망가진 세포조차 수선이 가능하다. 그래서 세포 수복 기계는 의학에 획기적인 약진의 계기를 마련할 것이다."

세포 수복 기계는 가장 간단한 일부터 의학에 적용된다. 그것은 세포를 수복하는 일이 아니라 질병의 원인이 되는 요소를 제거하는 일이다. 암세포를 비롯해서 박테리아와 바이러스를 파괴한다. 손상된 세포를 수선하는 일도 간단히 해치운다. 또한 세포 수복 기계는 질병 치료에도 도움이 된다. 심장마비가 발생한 경우, 세포 수복 기계는 세포 성장을 자극하여 심장에서 새로운 근육이 성장하게 함으로써 심장을 치료한다. 심장 치료는 세포 수복 기계가 할 수 있는 수많은 일의 일부에 불과할 따름이다.

드렉슬러는 세포 수복 기계가 질병 치료에 사용될 가능성을 다음과 같이 확신한다.

"신체의 이상은 잘못 배열된 원자들로부터 비롯된다. 수복 기계는 원자들을 질서 있게 움직이도록 되돌려서 몸이 건강을 회복하도록 할 수 있다. 치료 가능한 질병의 끝없는 목록을 만드는 것보다 세포 수복 기계가 할 수 없는 한계를 찾아보는 게 더 현명하다."

드렉슬러의 주장대로라면 세포 수복 기계로 치료할 수 없는 질병은 거의 없을는지도 모른다. 또한 몸의 모든 세포와 조직을 젊었을 때의 상태로 복구해 놓을 수도 있다. 따라서 세포 수복 기계는 인간의 숙명인 노화를 방지할 뿐만 아니라 생명을 연장할 수 있다. 그러나 모든 사람이 장수한다고 해서 반드시 행복한 사회가 될 것인지는 아무도 모른다.

면역기계

드렉슬러는 두 번째 저서인 『무한한 미래』(1991)에서 나노로봇이 의학에 미칠 영향을 좀 더 구체적으로 설명하였다. 그는 먼저 "나노기술이 의학에 어떻게 이용될 수 있는지 이해하기 위해서는 분자의 시각에서 신체를 그려 볼 필요가 있다"고 전제하고, 신체를 분자기계들의 작업장, 건설 현장, 전쟁터로 각각 나누어 살펴보았다.

신체를 분자기계의 작업장으로 보는 까닭은 분자기계가 매일 신체를 작동시키기 때문이다. 가령 위와 창자에서는 효소라는 분자기계가 음식 안에 들어 있는 분자를 분해한다. 근육, 허파, 뇌 등 신체 곳곳에서 분자기계가 제대로 활동하지 않으면 질병에 걸리게 된다.

조직이 분자기계에 의해 만들어진다는 점에서 신체는 건설현장과 같다고 할 수 있다. 사람의 신체는 모두 분자기계에 의해 만들어진다. 유전자에 의해 미리 프로그램된 분자기계는 모든 세포, 조직, 기관을 만든다.

신체는 때때로 외부로부터 공격을 받으면 전쟁터로 바뀐다. 인간을 비롯한 척추동물은 기생충, 세균, 병원체 따위의 미생물이 몸 안으로 들어올 때 이를 탐지하고 배제하는 능력을 갖고 있다. 이러한 기능을 맡은 신체기관은 면역계이다. 면역이란 특정의 질환으로부터 면제를 받는다는 뜻이다. 면역계는 신체에 들어온 낯선 물질과 치열한 전투를 하여 인간을 질병으로부터 보호한다. 면역계는 면역세포로 구성된다. 면역세포는 백혈구 계열의 세포이다. 아메바처럼 생긴 백혈구 세포는 혈류를 따라 순환하며 침입자를 찾아낸다.

드렉슬러는 "신체가 작업하지 않고, 건설하지 않으며, 싸우지 못하면 사람들은 그 원인을 찾고 치료하기 위해 병원을 찾는다. 그러나 오늘날의 의학은 명백한 한계를 지니고 있다"고 지적하고, 그 이유는 "오늘날의 의학으로는 분자 수준까지 외과적인 통제를 할 수 없기 때문"이라고 분석했다.

그는 나노기술이 발전하면 이러한 문제가 해결될 수 있다고 주장하였다.

"궁극적으로 의학에서의 나노기술은 외과적 통제 수준을 분자에까지 확대하는 데에 가장 크게 이바지할 것이다. 가장 쉽게 응용할 수 있는 것은 면역계를 도와서 외부의 침입자를 공격하는 일일 것이다. 좀 더 복잡하게 응용한다면 백혈구를 본뜬 의학용 나노기계를 만들 수 있다. 기계를 신체 조직 속에 넣어서 그 속의 세포와 상호작용하게 하는 것이다. 아주 복잡하게 응용하면, 세포 하나하나에 분자 수준의 외과 치료를 하는 설비를 만들 수 있을 것이다."

드렉슬러가 상상한 의학용 나노기계는 잠수함처럼 생긴 로봇이다. 이 나노로봇은 면역세포처럼 혈류를 따라 순환하면서 침입자를 격멸하기 때문에 '면역기계'라 불린다. 면역기계의 내부에는 침입자의 모양을 식별하는 나노센서와 함께 침입자를 파괴하도록 프로그램되어 있는 나노컴퓨터가 들어 있다. 혈류를 통해 항해하는 면역기계는 센서로부터 정보를 받으면 컴퓨터에 저장된 침입자의 자료와 비교한 다음에 해로운 물질로 판단되는 즉시 이를 격멸한다. 드렉슬러는 "순찰하는 백혈구에게 잡아먹히지 않으려고 면역기계는 비슷한 제복을 입은 동료 경찰처럼, 신체가 이미 알고 있으며 신뢰하고 있는 분자인 양 겉모습을 위장할 수 있다"고 덧붙인다.

그렇다면 면역기계는 제 수명이 다하는 시간을 어떻게 알

면역기계는 신체의 면역계처럼 외부 침입자에 맞서 싸운다.

수 있을지 궁금하지 않을 수 없다. 드렉슬러의 설명을 들어보기로 한다.

"만약 일정한 시간, 이를테면 하루에 일이 끝날 것이 확실하다면, 24시간 뒤에 수명이 다하도록 설계된 기계가 처방될 것이다. 필요한 치료 시간이 확실하지 않으면, 의사는 전개되는 상황을 감시하다가 적당한 시간이 되면 특별한 분자, 아스피린, 또는 그보다 더 안전한 것을 보내서 적당한 시간에 작동을 멈추게 할 수 있다. 수명이 끝난 기계는 다른 노폐물과 함께 신체 밖으로 배출될 것이다."

드렉슬러가 꿈꾸는 의학용 나노로봇, 곧 면역기계가 개발되면 신체 전반에 걸쳐 침입자를 공격하고 완전히 제거할 수 있을 것이다. 나노의학이 인류를 모든 질병으로부터 벗어나게 할 수 있을지 지켜볼 일이다.

뇌 안에서 활동하는 나노로봇

혈구 나노로봇

나노의학의 선구적 이론가로 손꼽히는 미국의 로버트 프라이타스는 『나노의학』을 펴내고, 이 책에 개념적으로 설계한 의학용 나노로봇을 소개했다. 4권으로 기획된 『나노의학』은 1999년에 제1권이, 2003년에 제2권이 나왔다.

그가 나노기술을 바탕으로 설계한 로봇은 적혈구와 백혈구를 본뜬 것들이다.

혈액 순환이 안 되고 산소 공급이 원활하지 못하면 심장이 마비되거나 발작이 일어나기 쉽다. 프라이타스는 실제 적혈구보다 훨씬 성능이 좋은 인공 적혈구를 만들어 몸 안에 넣어주면 심장을 보호할 수 있다고 보았다. 그는 '인공 호흡세포'라고 명명된 로봇 적혈구를 설계했다. 적혈구 세포 기능을 가진 이 로봇은 약 100나노미터 크기의 작은 구형 물체이다. 이 구형 로봇은 고압 산소로 가득 차 있다. 만일 심장에 문제가 발생하여 산소를 제대로 공급하지 못하면 로봇 적혈구가 산소를 공급해 준다. 이 인공 적혈구를 몸에 주입하면 단거리 경주 선수는 15분 동안 단 한 번도 숨을 쉬지 않고 역주할 수 있으며, 해상 안전 요원은 잠수 장비 없이도 물속에 오래 잠수할 수 있다. 요컨대 인공 호흡세포를 사용하면 몇 시간이고 산소 없이 버틸 수 있다.

프라이타스는 로봇 대식세포를 개념적으로 설계했다. 대식세포(매크로파지)는 식균세포의 일종이다. 식균세포는 면역계에서 신체에 들어온 병원균이나 이물질을 완전히 집어삼키는 탐식작용을 한다. 백혈구 계열의 세포인 대식세포는 탐식 능력이 강하며 아메바와 같은 운동성을 가진 대형세포이다. '미생물 포식자 세포'라 불리는 로봇 대식세포는 백혈구 대신 사용될 수 있으며 실제 백혈구보다 훨씬 효과적으로 모든 종류의 미생물과 싸울 수 있다.

프라이타스는 놀라운 산화 능력을 가진 인공 호흡세포를 만들게 되면, 이 나노로봇으로 하여금 이산화탄소까지 제거하게 할 수 있으므로 허파를 대체할 수 있다고 상상했다.

또한 프라이타스는 혈구 나노로봇에 이어 혈관계 자체를 대체하는 개념을 내놓았다. 나노로봇을 혈액에 집어넣었다가 다시 꺼내는 기술이 완성되면 혈구 로봇을 쉽게 교체할 수 있

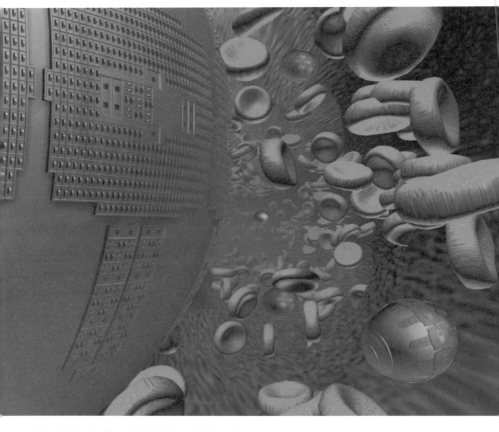

인공 호흡세포가 적혈구와 함께 혈류를 돌아다니고 있다.

다. 500조 개 정도의 나노로봇으로 혈관계를 구성하면, 이 인공 혈관계는 영양분과 산소를 운반하며 혈관계 역할을 수행한다. 프라이타스는 이처럼 피가 인공적으로 흐를 수 있다면 막대한 압력으로 피를 내뿜는 펌프인 심장이 필요 없게 될 것이라고 주장한다. 심장은 고장이 자주 나서 생명을 좌우하는 기관인데, 심장을 아예 없애게 된다면 심장으로 인한 갖가지 질환에 시달릴 필요가 없게 될 뿐만 아니라 수명이 단축될 걱정을 하지 않아도 될 것 같다.

프라이타스는 의학용 나노로봇으로 장수 사회가 실현될 것임을 다음과 같이 예고하였다.

"나노의학이 적용되면 모든 생물학적 노화 과정은 중간에 사로잡혀 멈출 것이다. 환자가 원하는 수준으로 생물학적 나이를 깎아 내리는 것이 가능할 테고, 달력상의 나이와 생물학적 건강 나이는 아무 연관 없는 사이가 될 것이다. 앞으로 수십 년만 지나도 그런 노화 개입 치료가 어디서나 이루어질 것이다. 매년 검진을 받고 청소를 하고 가끔 이것저것 손질을 해 준다면 당신의 생물학적 나이는 일 년에 한 번씩 당신이 고른 생리적 나이로 고정될 것이다. 사고를 당해 갑작스레 죽을 가능성이야 늘 있지만 여하튼 현재 상상하는 것보다 최소 열 배 이상 살 수 있을 것이다."

신경계를 누비는 나노로봇

나노로봇을 뇌 안에 투입하여 인간의 지능을 확장하는 일도 가능할 것으로 전망된다. 프라이타스에 따르면 수십억 개의 나노로봇이 뇌의 모세혈관을 돌아다니며 신경세포와 상호작용하면서 뇌 안을 주사(스캔)하게 된다. 뇌 안의 나노로봇은 신경계 안에서 다른 나노로봇들과 각종 정보를 교환하면서 인간의 지능을 크게 향상시킬 수 있다.

나노로봇을 뇌에 집어넣는 기술 중에서 가장 어려운 문제는 혈관-뇌 장벽을 뚫고 지나가는 것으로 예상된다. 혈뇌 장벽은 핏속에 들어 있을지 모르는 해로운 물질, 예컨대 박테리아 또는 독소로부터 뇌를 보호하는 울타리인 셈이다. 뇌의 모세혈관 안의 세포들은 비슷한 크기의 다른 조직 혈관보다 훨씬 빽빽하게 밀집해 있는데, 이것이 혈뇌 장벽이다. 혈뇌 장벽에는 문 같은 것이 달려 있어 자물쇠에 맞는 열쇠가 없으면 뇌로 들어갈 수 없는 것으로 밝혀졌다.

나노로봇이 혈뇌 장벽을 뚫고 지나가려면 나노로봇의 지름은 20나노미터 미만이어야 한다. 하지만 이 정도로 작은 나노로봇으로는 뇌를 스캔하는 기능을 제대로 수행하기가 쉽지 않다.

프라이타스는 『나노의학』 제1권(1999)에서 혈뇌 장벽에 구멍을 내서 나노로봇이 들어가게 하는 방법을 제안했다. 혈뇌 장벽을 파괴한 것이므로 나노로봇은 다시 그 구멍을 수리해

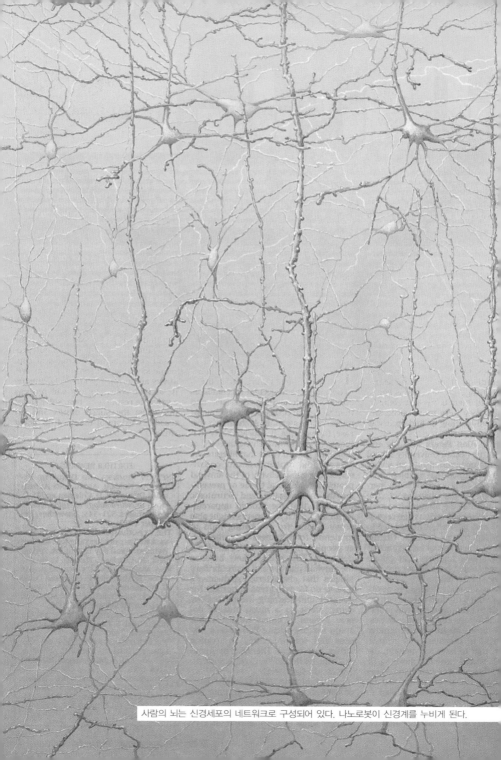

사람의 뇌는 신경세포의 네트워크로 구성되어 있다. 나노로봇이 신경계를 누비게 된다.

야 한다고 덧붙였다.

"세포가 빽빽하게 밀집한 조직 속을 전진하는 나노로봇은 어쩔 수 없이 눈앞에 놓인 세포 사이의 접착물들을 소량이나마 파괴하게 될 것이다. 그 후에는 물론 세포에의 침입의 여파를 최소화하기 위해 지나온 길에 뚫린 구멍들을 막아 주어야 한다. 두더지가 굴을 파는 방식과 비슷하다고 생각하면 된다."

프라이타스는 나노로봇으로 뇌를 스캔하면 뇌에 들어오는 여러 형태의 감각 신호를 탐지할 수 있다고 상상했다. 이를테면 청각, 후각, 미각 등은 물론이고 통증 신호도 감지할 수 있다는 것이다. 귀의 달팽이관(와우각)에 다다른 나노로봇은 귀가 인식한 모든 청각 신경 신호를 탐지하고 기록하여 다른 나노기계로 전송한다. 어떤 나노로봇은 후각과 미각의 신경 신호를 탐지하거나 도청할 수도 있다. 피부가 온도 자극을 받아들이듯이 뇌 안에서 통증 신호를 기록하거나 변경하는 나노로봇도 있다. 다른 나노로봇은 운동뉴런(신경세포)을 감시하여 팔다리의 움직임을 추적 또는 통제한다.

뇌 안을 스캔하는 나노로봇들은 서로 정보를 교환하고 신경세포의 연결 상태를 변경시킬 수 있으므로 뇌의 기능을 보강하여 감각 능력이나 기억 능력을 향상시켜 줄 것이다.

나노로봇으로 분자 수준에서 우리의 몸뿐만 아니라 마음까지 재설계하고 재구성하게 되는 셈이다.

chapter 03

냉동인간과 나노로봇

인체 냉동보존술

에릭 드렉슬러의 목에는 메달이 하나 걸려 있다. 그 메달에는 다음과 같은 문구가 적혀 있다.

지시문 참조

정맥주사로 헤파린 5만U를 주입하고, 얼음으로 섭씨 10도까지 냉각시키는 동안 CPR 실시

pH 7.5 유지

방부처리 금지

부검 금지

드렉슬러는 불치병에 걸려 죽게 될 경우 그를 발견한 사람

에게 자신의 시신을 처리하는 방법을 알려 주기 위해 이 메달을 목에 걸고 다니는 것으로 알려졌다. 이를테면 드렉슬러는 시신이 냉동 상태로 보관된 뒤에 불치병을 치료하는 의술이 나타나게 되면 해동되어 되살아날 수 있다고 믿고 있다. 그는 죽음으로부터 부활이 가능한 것은 나노기술 덕분이라고 확신한다.

죽은 사람을 얼려 장시간 보관해 뒀다가 나중에 녹여 소생시키려는 기술은 '냉동보존' 이라 한다.

인체의 냉동보존을 이론적으로 제안한 최초의 인물은 미국 물리학자인 로버트 에틴저(1918~) 교수이다. 1962년 『불멸에의 기대』라는 책을 펴내고, 죽은 사람의 시체를 냉동시킨 뒤 되살려 낼 수 있다고 주장했다. 특히 액체질소의 온도인 섭씨 영하 196도가 시체를 몇백 년 동안 보존하는 데 적당한 온도라고 제안했다. 그의 책이 계기가 되어 '인체 냉동보존술' 이라는 미지의 의료기술이 모습을 드러내게 되었다.

에틴저 교수의 인체 냉동보존 아이디어는 1960~1970년대 미국 지식인들의 상상력을 자극했다. 특히 히피 문화의 전성기인 1960년대에 환각제를 만들어 미국 젊은이들을 중독에 빠뜨린 장본인인 티머시 리어리(1920~1996) 교수는 인체 냉동보존술에 심취했다. 그는 말년에 암 선고를 받고 자살 계획을 세워 자신의 죽음을 인터넷에 생중계할 정도로 괴짜였다. 리어리는 사후에 출간된 『임종의 설계』(1996)에서 냉동보존으로

부활하는 꿈을 포기하지 않았다.

리어리는 세계 최대의 인체 냉동보존 서비스 단체인 '알코르 생명연장 재단'의 고객이 되었다. 알코르는 고객을 '환자', 사망한 사람을 '잠재적으로 살아 있는 자'라고 부른다. 환자가 일단 임상적으로

티머시 리어리

사망하면 알코르의 냉동보존 기술자들은 현장으로 달려간다. 그들은 먼저 시신을 얼음통에 집어넣고, 산소 부족으로 뇌가 손상되는 것을 방지하기 위해 심폐 소생 장치를 사용하여 호흡과 혈액 순환 기능을 복구시킨다. 이어서 피를 뽑아내고 정맥주사를 놓아 세포의 부패를 지연시킨다. 그런 다음에 환자를 알코르 본부로 이송한다. 환자의 머리와 가슴의 털을 제거하고 두개골에 작은 구멍을 뚫어 종양의 징후를 확인한다. 시신의 가슴을 절개하고 늑골을 분리한다. 기계로 남아 있는 혈액을 모두 퍼내고 그 자리에는 특수 액체를 집어넣어 기관이 손상되지 않도록 한다. 사체를 냉동보존실로 옮긴 다음에는 특수 액체를 부동액으로 바꾼다. 부동액은 세포가 냉동되는 과정에서 발생하는 부작용을 감소시킨다. 며칠 뒤에 환자의

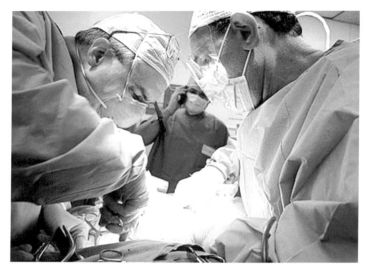

알코르 생명연장 재단의 의료진이 냉동할 환자의 혈액을 제거하고 특수 액체를 넣고 있다.

시체는 액체질소의 온도인 섭씨 영하 196도로 급속 냉각된다. 이제 환자는 탱크에 보관된 채 냉동인간으로 바뀐다.

21세기의 미라

인체 냉동보존술이 실현되려면 반드시 두 가지 기술이 개발되지 않으면 안 된다. 하나는 뇌를 냉동 상태에서 보존하는 기술이고, 다른 하나는 해동 상태가 된 뒤 뇌세포를 복구하는 기술이다. 뇌의 보존은 저온생물학과 직결된 반면, 세포의 복구는 나노기술과 관련된다. 저온생물학은 매우 낮은 온도가 생명체에 미치는 영향을 연구하는 분야이다. 말하자면 인체 냉동보존술은 저온생물학과 나노기술이 결합될 때 비로소 실현 가능한 기술이다.

먼저 저온에서 뇌를 보존하는 기술은 더 말할 나위 없이 중요하다. 사람의 뇌를 냉동 상태에서 보존하지 못한다면 해동 후에 뇌 기능의 소생을 기대할 수 없기 때문이다. 사람의 다른 신체 부위, 이를테면 피부와 뼈, 골수, 장기 등은 현재의 기술로 저온 보존이 가능하다. 바꾸어 말하자면 냉동과 해동에 의해 이러한 부위를 구성하는 분자들이 변질되지 않는다는 뜻이다. 요컨대 냉동은 일반적으로 단백질의 변성이나 화학적 변화를 야기하지 않는다.

세포의 경우 구성 물질의 85퍼센트가량이 물이기 때문에 냉동 시에 얼음으로 바뀌면서 부피가 팽창하여 세포가 파괴될 것이라고 생각하기 쉽다. 그러나 물이 얼음으로 바뀜에 따라 세포의 부피는 10퍼센트 정도 팽창하는 데 그칠 뿐 아니라, 세포는 부피가 50~100퍼센트까지 늘어나더라도 내부에 형성된 얼음 때문에 세포가 죽는 일은 발생하지 않는다.

한편 세포가 냉동될 때 물이 빠져나오기 때문에 세포 사이에 얼음이 형성된다. 그 결과 세포는 팽창하기보다는 오히려 축소된다. 세포가 축소되면서 세포막에 변화가 발생하여 결국 세포가 죽게 되는 것이다.

이러한 냉동보존의 결과는 가령 콩팥의 연구를 통해 확인된 것이므로 곧바로 뇌에 적용될 수는 없다. 뇌를 냉동했을 때 각 부위의 세포와 조직에 대해 그 구조와 기능이 보존되는 상태를 면밀히 검토해야 하기 때문이다. 물론 아직까지 뇌의 모든 부위에 대해 그러한 연구가 이뤄진 것은 아니다. 하지만 뇌 역시 냉동 시 형성되는 얼음에 의해 인지능력이 손상되지 않을 뿐 아니라, 동결 방지제를 사용하면 뇌의 기능을 온전히 유지할 수 있는 상태까지 얼음 형성을 억제할 수 있는 것으로 밝혀졌다. 결론적으로 이러한 연구 결과는 인체 냉동보존을 실현함에 있어 저온생물학의 측면에서는 별다른 장애 요인이 없을 것임을 시사해 준다.

인체 냉동보존술의 성공을 위해 기본적으로 필요한 두 번째 기술은 나노기술이다. 나노기술은 냉동 과정에서 손상된 세포를 해동한 뒤 수리할 때 필수적인 기술로 기대를 모은다.

인체는 수십조 개의 세포로 이루어져 있으며, 냉동될 때 세포를 구성하는 수분이 밖으로 빠져나가 얼음으로 바뀐다. 수많은 세포 주변에 형성된 얼음은 마치 바늘이 풍선을 터뜨리듯 이웃 세포의 세포막을 손상시키게 마련이다. 뇌세포 역시 예외가 아니다.

뇌에는 개체의 의식과 기억이 들어 있다. 뇌세포가 손상된 경우 그 안에 저장된 정보들이 온전할 리 만무하다. 따라서 손상된 뇌세포의 기능을 복원할 뿐 아니라 그 안에 있는 정보

냉동인간은 저온생물학과 나노기술로 실현되는 21세기의 미라이다(그림은 고대 이집트 사람들이 미라를 만드는 모습).

를 보존하기 위해서는 해동한 뒤에 뇌세포를 원래 상태로 복구시켜 놓지 않으면 안 된다.

인체 냉동보존술의 이론가들은 이러한 문제의 거의 유일한 해결책으로 에릭 드렉슬러가 『창조의 엔진』에서 제안한 '바이오스태시스' 개념에 매달리고 있다. 드렉슬러는 '생명 정지'를 뜻하는 바이오스태시스라는 용어를 만들고 '훗날 세포 수복 기계에 의해 원상 복구될 수 있게끔 세포와 조직이 보존된 상태'라고 정의한다.

전문가들의 예측대로 세포 수복 기계가 2030년쯤에 출현하면 늦어도 2040년까지는 냉동보존에 의해 소생한 최초의 인간이 나타날 가능성이 높다. 그러나 뇌세포의 수리에 의해 이미 소실된 기억을 되살려 내는 일이 쉽지 않을 것이라는 의견도 만만치 않다. 결국 사람이 죽은 뒤에 영혼이 시체와 함께 보존될 수 있는가 하는 궁극적인 질문과 다시 맞닥뜨리게 되는 것이다.

어쨌거나 인체 냉동보존술의 두 필수 요소인 저온생물학과 나노기술이 발전하지 못하면 21세기의 미라인 셈인 냉동인간은 영원히 깨어나지 못한 채 차거운 얼음 속에서 길고 긴 잠을 자야 할지 모를 일이다.

인공 동면

곰, 다람쥐, 박쥐 등은 외부 온도에 따라 스스로 체온을 섭씨 3도까지 낮춰 겨울잠을 잔다.

사람은 박쥐처럼 체온을 조절할 수 없기 때문에 추운 곳에서 잠을 자다가는 영락없이 얼어 죽게 마련이다. 그러나 사람의 동면이 전혀 불가능한 것만은 아니다. 동물이 동면할 때 뇌에서 분비되는 호르몬인 '엔케팔린'을 합성하면 인간도 겨울잠을 즐길 가능성이 높기 때문이다. 엔케팔린은 마취제와 진통제로 쓰이는 모르핀과 화학적 성질이 유사하여 진통뿐만 아니라 수면 등 생리 현상을 조절한다. 요컨대 엔케팔린을 합성할 수 있다면 사람도 체온이 섭씨 3도인 동면 상태가 될 수 있다.

인공 동면은 쓰임새가 많을 것 같다. 엔케팔린을 합성하여 동면 상태에서 몇 시간이고 수술이 가능하다면 장기이식 수술을 할 때 시간에 쫓겨 실패하는 일이 줄어들 것이다. 또한 인공 동면을 하면 수십 년을 우주선 안에서 견뎌야 하는 우주여행도 가능할 것 같다.

영화 〈2001 : 스페이스 오디세이〉에서 묘사된 인공 동면

나노로봇을 만든다

세포 안의 분자 모터

에릭 드렉슬러의 세포 수복 기계나 로버트 프라이타스의 혈구 로봇과 같은 나노기계가 모습을 드러내려면 많은 시간이 필요할 것 같다. 나노기술 전문가들에 따르면 2030년쯤에 사람 몸속으로 들어가서 병원균을 박멸하고 손상된 세포를 수복하는 나노로봇이 출현할 것으로 전망된다.

나노기계를 만들려면 여러 종류의 장치가 필요하다. 특히 로봇에게 동력을 부여하여 움직이게 하는 장치인 모터가 중요하다. 나노모터를 설계하는 과학기술자들은 생물의 세포 안에서 활약하는 분자 크기의 모터, 곧 '분자 모터'를 본뜨는 연구를 하고 있다.

생물 세포는 분자 모터를 사용하여 영양물질을 흡수하고,

단백질을 만들고, 근육을 움직이게 한다. 한마디로 분자 모터는 세포 안에서 일어나는 모든 움직임에 필수불가결한 존재이다. 박테리아에서 사람에 이르기까지 모든 생명체는 분자 모터 덕분에 살아서 움직일 수 있는 것이다.

세포 안에 있는 분자 모터는 수백 종에 이른다. 미오신과 키네신은 마치 운동선수처럼 경이로운 능력을 발휘한다. 미오신은 근육을 수축하는 힘을 제공하는 성냥개비 모양의 단백질이다. 키네신은 세포 안에서 화물차처럼 물질을 운반하는 단백질이다. 이는 세계에서 가장 작은 열차라고 할 수 있다. 만일 키네신 분자를 개미에 비유한다면, 이 개미는 감자 한 개를 혼자 옮길 만큼 힘이 세다. 미오신과 키네신은 직선형 분자 모터이지만 회전형 모터도 있다.

분자 모터는 기본적으로 에너지 변환 장치이다. 화학에너지를 기계에너지로 바꾸기 때문이다. 모든 세포에 사용되는 에너지의 원천은 탄수화물, 지질, 단백질 등 3대 영양소이다. 이 가운데서 가장 중요한 세포 연료는 탄수화물의 대표인 포도당이다. 포도당을 비롯한 영양물질은 산소에 의해 산화되어 물과 이산화탄소로 분해된다. 이때 포도당 분자가 가진 화학에너지의 일부가 아데노신 3인산(ATP) 형태로 전환된다. 생물이 체내에서 이용할 수 있는 에너지는 ATP뿐이라고 해도 과언은 아니다.

ATP는 촉매 단백질인 효소에 의해 분해된다. 이 과정에서

ATP 형태로 저장되어 있는 화학에너지가 기계에너지로 바뀌면서 회전 운동이 일어난다. 요컨대 이 효소는 ATP를 연료로 사용하는 회전 모터로 작용한다.

분자기계

세포 안의 분자 모터 단백질을 본떠서 만든 나노모터가 잇따라 발표되고 있다.

1999년 9월 『네이처』에 미국 연구진이 원자 78개로 만든 분자 모터가 발표되었다. 톱니바퀴의 원리를 바탕으로 만들어진 회전 모터이다. 톱니바퀴는 대개 한 방향으로만 잘 돌게 되어 있다. 이 분자 모터 역시 화학반응을 통해 얻은 에너지를 이용하여 한쪽 방향으로만 회전하게 설계되어 있으므로 분자 톱니바퀴라고 불리기도 한다.

1999년 10월 미국 코넬 대학의 카를로 몬테마노 교수는 ATP를 연료로 사용하는 나노모터를 만들었다.

2000년 코넬 대학 연구진은 ATP 분해 과정에 작용하는 효소, 즉 ATP를 연료로 삼는 회전 모터를 이용하여 만든 나노기계를 『사이언스』에 발표했다. 이 나노기계는 나노기둥, 나노모터, 나노프로펠러로 구성된다. 나노기둥은 지름 80나노미터, 높이 200나노미터이다. 나노모터는 지름 8나노미터, 높이 14나노미터이다. 나노프로펠러는 지름 150나노미터, 길이

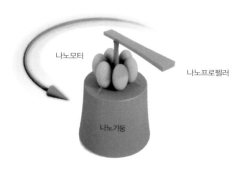

나노모터

나노프로펠러

나노기둥

회전형 분자 모터

750나노미터이다. 이 나노기계는 나노기둥 위에 호박처럼 생긴 나노모터가 얹혀져 있고, 나노모터의 꼭지에 나노프로펠러가 붙어 있다. 이 나노기계는 연료인 ATP를 주입하면 나노프로펠러가 1초에 8회의 회전 속도로 시계 반대 방향으로 도는 것으로 알려졌다.

회전형 분자 모터에 이어 분자 엘리베이터와 분자 컨베이어 벨트도 발표되었다. 2004년 3월 『사이언스』에 발표된 분자 엘리베이터는 엘리베이터 역할을 하는 고리 분자 한 개를, 건물에 해당하는 막대 분자 한 개에 끼운 형태로 되어 있다. 높이 2.5나노미터, 지름 3.5나노미터인 나노엘리베이터는 1층에서 2층으로, 2층에서 다시 1층으로 오르락내리락한다.

2004년 4월 미국 과학자들이 선보인 분자 컨베이어 벨트는 탄소나노튜브로 만든 나노기계이다. 나노 크기의 입자들을

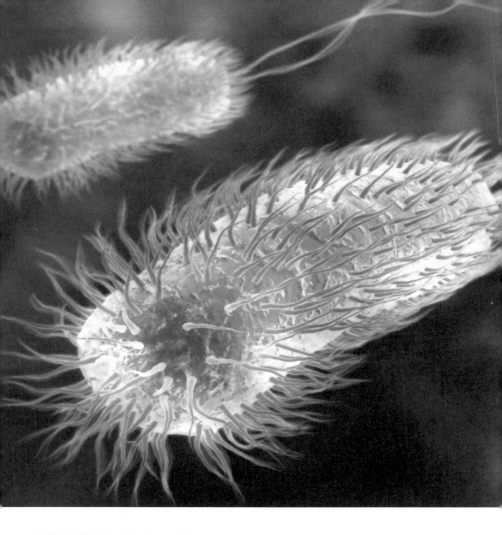

박테리아의 채찍처럼 생긴 꼬리, 곧 편모는
나노모터에 의해 추진력을 얻어 액체 속에서 헤엄친다.

실어서 이쪽저쪽으로 옮길 수 있으므로 분자 규모의 공장에서 원료로 필요한 원자나 분자를 필요한 위치로 재빨리 운반하는 컨베이어 벨트로 사용될 수 있을 것 같다.

2009년 5월 미국 연구진은 나노프로펠러를 발표했다. 사람의 정자처럼 생긴 이 장치는 편모의 동작을 본떠 만들었다. 편모는 섬모의 사촌인 셈이다. 사람 세포의 표면에 나와 있는 섬모는 가느다란 머리카락처럼 생겼으며 흔들린다. 지름은 수백 나노미터이고 길이는 수십 마이크로미터인 섬모는 마치 채찍을 빠르게 움직이는 것처럼 파동을 만든다. 박테리아에 달려 있는 편모 역시 물속에서 채찍처럼 헤엄치며 앞으로 나아간다. 섬모와 편모는 모두 분자 모터 단백질로 이루어져 있다. 유리를 사용하여 만들어진 이 나노프로펠러들은 머리의 지름이 200~300나노미터, 꼬리의 길이가 1~2 마이크로미터이다. 이는 인간 정자 길이의 10분의 1 미만인 것으로 알려졌다.

언젠가 사람 몸속에 투입되면 이 나노프로펠러는 박테리아가 편모를 사용하여 물속에서 헤엄치는 것처럼 혈액 속에서 항해하여 필요한 부위에 약물을 전달하는 임무를 수행할 것으로 보인다.

분자 모터, 분자 엘리베이터, 분자 컨베이어 벨트, 분자 프로펠러 등 나노기계가 다양하게 만들어짐에 따라 나노로봇의 실현 가능성이 갈수록 높아지고 있다.

근육로봇

2004년 3월 카를로 몬테마노 교수는 근육과 로봇이 결합되었다는 뜻을 가진 '머슬봇'을 발표했다.

50마이크로미터 규모의 이 로봇은 생쥐의 심장 근육에 의해 움직인다. 포도당이 가득 차 있는 접시에 생쥐의 심장 근육세포를 넣을 경우 이 세포는 연료(포도당)만 공급되면 저절로 끊임없이 움직인다. 몬테마노는 이러한 현상에서 아이디어를 얻어 머슬봇을 개발한 것이다. 말하자면 모터 역할을 하는 생쥐의 심장 근육세포가 포도당을 연료로 사용하여 머슬봇을 움직이도록 한다.

머슬봇은 사람 몸속에 들어가서 암을 치료할 수 있을 것으로 전망된다.

7
어셈블러

어셈블러는 가능한가

어셈블러를 상상하다

에릭 드렉슬러는 『창조의 엔진』에서 최초의 어셈블러(조립 기계)가 모습을 나타내게 될 때에 비로소 나노기술의 시대가 본격적으로 개막될 것이라고 주장했다. 1991년 펴낸 『무한한 미래』에는 어셈블러에 대해 다음과 같이 좀 더 구체적으로 묘사하였다.

"나노기술의 발상은 분자 어셈블러에서 시작되었다. 분자 어셈블러는 산업 로봇의 팔과 비슷하지만 규모가 아주 작다는 점이 다르다. 어셈블러는 모터로 작동되고, 컴퓨터로 제어되며, 분자 크기의 도구를 쓸 수 있고, 분자 크기만 한 부품으로 짜 맞춘 장치가 될 것이다. 한편 분자 어셈블러로 다른 어셈블러를 만들 수도 있다. 어셈블러는 원료만 제대로 공급되

면 모든 것을 만들어 낼 수 있다. 분자 어셈블러는 미시세계
에서의 '손'과 같은 역할을 할 것이다."

2001년 미국의 월간 과학잡지인 『사이언티픽 아메리칸』 9
월호에 기고한 글에서 드렉슬러는 어셈블러가 분자를 조립하
는 과정을 다음과 같이 묘사했다.

"분자 제조 기술의 잠재력을 이해하려면 현재 산업에서 사
용하고 있는 거시 규모의 기계 장치를 살펴보는 것이 도움이
될 것이다. 오늘날의 자동화된 공장의 모습을 떠올려 보자.
먼저 컨베이어 벨트로 뻗어 나온 로봇 팔이 벨트 위에 실린
도구를 집어 들고 제조 공정 중에 있는 제품에 사용한다. 금
방 사용한 도구는 벨트 위에 내려놓고 벨트 위에 놓여 있는
다른 도구를 집어 든다. 그리고 그 도구로 제조 공정의 제품
에 사용한다. 그런 식으로 작업을 계속하여 진행하면 제품이
완성된다. 이러한 자동화된 공장에서 컨베이어 벨트를 포함
한 모든 기계 장치를 분자 규모로 축소시켜 보자. 이러한 나
노 규모의 기계 장치들은 무엇이든 조립할 수 있으므로 어셈
블러라고 명명된다."

드렉슬러는 어셈블러가 나타나면 분자 제조가 산업·과
학·의학에 미치게 될 충격을 『무한한 미래』에서 다음과 같이
상상하였다.

• 새 제품을 만들어 낸다 —어셈블러는 원자 하나하나

까지 조립할 수 있으므로 거의 모든 것을 만들 수 있다.

• 확실한 제품을 만든다 —어셈블러는 원자 하나하나를 통제하므로 흠이 극히 적고 고장이 나지 않는 물건을 만들 수 있다.

• 영리한 물질을 만든다 —분자 제조로는 나노 크기의 모터와 컴퓨터를 수조 개 만들어 낼 수 있다. 이러한 나노기계를 활용하면 지능을 갖춘 물질, 곧 '스마트 물질'을 만들 수 있다. 스마트 물질은 외부 및 내부 환경을 인식하여 스스로 적절하게 대응하는 능력을 갖고 있다. 가령 닳은 곳이 더 이상 닳지 않게 하거나 풀어진 부분은 스스로 다시 짜는 등산 로프, 간단하게 꾸려져 있다가 사용할 때 저절로 펼쳐지는 텐트, 앉은 사람의 체형에 따라 스스로 휘어지는 의자를 만든다.

• 환경오염을 줄일 수 있다 —오늘날의 생산 공정은 유독성 화학물질을 하늘과 땅으로 배출하지만 나노기술은 자원의 소비를 줄이고 물질을 강력하게 통제하므로 환경오염을 크게 줄일 수 있을 것이다. 특히 나노기술을 이용하면 온실효과를 일으키는 기체를 저렴한 비용으로 대기권에서 제거할 수 있으므로 지구 온난화 문제가 해결된다.

어셈블러의 실현 가능성을 놓고 뜨거운 논쟁이 벌어졌다.

어셈블러의 손가락

드렉슬러가 꿈꾸는 어셈블러가 개발되면 나노기술은 그야 말로 요술 방망이처럼 세상을 바꾸어 놓을 것이다. 수많은 나 노로봇이 사람의 몸속에서 활약하며 병원균을 물리칠 것이 다. 하지만 어셈블러의 실현 가능성에 대해 확신을 갖지 못한 과학기술자가 적지 않다.

어셈블러 개념에 심각한 오류가 있다고 반론을 제기한 대표 적인 인물은 탄소나노튜브 기술의 개척자로 노벨상을 받은 리처드 스몰리이다. 2001년『사이언티픽 아메리칸』9월호에 기고한 글에서 스몰리는 어셈블러를 조목조목 비판했다. 그는 먼저 어셈블러로 물건을 조립할 때 소요되는 시간을 문제 삼았다.

"최근 몇 년간, 원자 단위로 사물을 조정하고 구성하는, 때로는 어셈블러라고도 부르는 아주 작은 로봇을 상상하게 되었다. 한 개의 어셈블러를 상상해 보자. 이 가상의 나노로봇은 격렬하게 작업하면서 많은 원자 결합을 새로 만들어 낼 것이다. 이 나노로봇은 할당된 일을 하면서 아마도 1초마다 10억 개의 새로운 원자를 바라는 대로 구조물 속에 배치할 것이다. 그러나 비록 빠른 속도라 할지라도 이 정도의 속도는 분자 제조 공장의 운영에서는 실질적으로 무의미한 것이다. 한 개의 나노로봇이 아주 작은 양의 생산품 하나를 만들어 내는 데도 수백만 년이 걸리기 때문이다. 그런 나노로봇 어셈블러는 비록 과학적으로는 매우 흥미롭긴 하지만 거시적인 현실 세계에서는 그 자체로는 그다지 많은 것을 만들어 낼 수 없을 것이다."

스몰리는 드렉슬러의 어셈블러가 기능을 수행하려면 원자를 하나씩 집어 들고 원하는 위치에 삽입시키는 손가락(조작 장치)이 달려 있어야 한다고 가정하고, 손가락에 관련된 문제를 제기했다.

"나노로봇에 의해 제어되는 공간의 한 면이 1나노미터 정도밖에 되지 않는 아주 작디작은 장소라는 사실을 기억하기 바란다. 이런 공간의 제약으로 적어도 두 가지 어려움이 기본적으로 발생한다. 나는 이 문제를 하나는 '굵다란 손가락' 문제, 다른 하나는 '끈끈한 손가락' 문제라고 부른다."

스몰리는 어셈블러에 5~10개 정도의 손가락이 달려 있어야 그 기능을 수행할 수 있을 것이라고 전제하고, 그만한 수의 손가락을 빽빽하게 달아 놓을 수 있을지 의심스럽다고 반박했다. 원자를 집어내거나 붙잡고 있는 조작 장치(손가락)는 원자로 만들어야 하기 때문에 더 이상 축소가 불가능하다. 그런데 어셈블러가 작업을 하는 1나노미터 정도의 공간은 5~10개의 손가락을 모두 수용할 만큼 여유가 있는 것이 아니다. 가령 뭉뚝한 손가락으로 작은 부품들을 하나씩 옮겨서 손목시계를 조립하는 것이 쉽지 않듯이 어셈블러가 작업하는 공간의 크기에 비해 손가락이 너무 굵어서 분자 조립이 불가능할 것이라는 의미이다.

스몰리는 어셈블러의 손가락이 끈끈한 것도 문제라고 주장한다. 원자들이 일단 손가락에 달라붙으면 잘 떨어지지 않을 것이므로 원자를 원하는 자리에 위치시키는 일은 쉽지 않을 것이다. 마치 엿을 묻힌 손가락으로 손목시계를 조립하는 일이 불가능한 것처럼 어셈블러의 손가락으로 원자를 옮기는 작업도 불가능할 것이라는 뜻이다.

스몰리는 두 가지의 손가락 문제는 근본적이며 피할 수 없는 문제라고 강조하고, "일부 나노기술 전문가들이 꾸고 있는 꿈, 즉 모든 원자를 제자리에 집어넣는다는 일은 마술 손가락을 필요로 하는 일이다. 나노로봇은 미래학자들의 백일몽에 지나지 않는다고 할 수 있다"고 주장했다.

　스몰리의 노골적인 공격에 대해 드렉슬러가 가만있을 리 만무하다. 2003년 드렉슬러는 어셈블러에 대한 스몰리의 비판에 대해 공개 답장 형식으로 반론을 폈다. 그는 자연에 존재하는 분자 조립 기계인 리보솜을 예로 들면서 어셈블러가 불가능하지 않다고 주장했다. 2003년에 두 사람은 세 차례 더

리보솜은 단백질(노란색)을 합성한다.

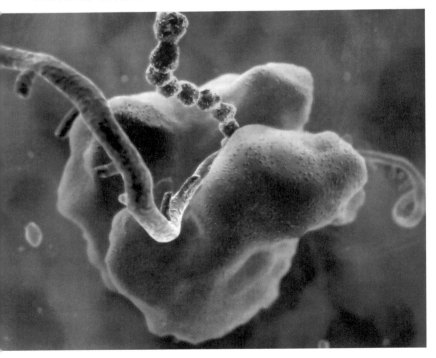

논박을 주고받았다. 하지만 두 사람은 더 이상 논쟁을 펼칠 수 없었다. 2005년 스몰리가 세상을 떠났기 때문이다.

드렉슬러의 어셈블러를 지지하는 과학기술자들도 적지 않다. 대표적인 인물은 미국의 컴퓨터 이론가이자 미래학자인 레이 커즈와일(1948~)이다. 2005년 펴낸 『특이점이 다가온다』에서 커즈와일은 드렉슬러를 일방적으로 지지하면서 다음과 같이 어셈블러에 대한 기대를 표명했다.

"2020년대가 되면 분자 어셈블러가 현실에 등장하여 가난을 일소하고, 환경을 청소하고, 질병을 극복하고, 수명을 연장하는 등 수많은 유익한 활동들의 효과적인 수단으로 자리 잡을 것이다."

드렉슬러와 스몰리의 승부는 시간이 그 결말을 말해 줄 것이다.

나는 어느 편인가 하면 스몰리보다 드렉슬러를 지지하고 싶다. 왜냐하면 인간의 꿈과 상상력이 실현되는 것처럼 신나는 일은 없을 테니까.

유틸리티 포그

　어셈블러가 개발되면 '유틸리티 포그'가 실현될 가능성이 높다. 유틸리티 포그는 포글렛이라 불리는 사람 세포 크기의 나노로봇으로 시작한다. 포글렛은 각 방향으로 열 개의 팔을 갖고 있다. 팔의 끝에는 손가락 같은 게 달려 있어 포글렛끼리 커다란 구조로 뭉칠 수 있다. 이 나노로봇들은 지능이 높다. 따라서 포글렛끼리 뭉치면 지능이 합쳐지고 사람의 뇌처럼 지능을 갖게 된다. 포글렛으로 채워진 공간을 유틸리티 포그라고 한다. 사람들은 수조 개의 포글렛으로 채워진 방 안을 아무 느낌 없이 걸어 다닐 수 있다.

　유틸리티 포그는 아무 데도 존재하지 않는 듯이 보일 수 있다. 말하자면 유틸리티 포그는 이름 그대로 안개(포그)처럼 보이지 않지만 쓸모(유틸리티) 있는 물건이다.

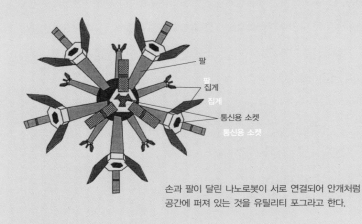

팔
집게
집게
통신용 소켓
통신용 소켓

손과 팔이 달린 나노로봇이 서로 연결되어 안개처럼 공간에 퍼져 있는 것을 유틸리티 포그라고 한다.

어셈블러는 위험한가

그레이 구 시나리오

만일 어셈블러가 어떠한 물체도 조립할 수 있다면 자기 자신도 만들어 내지 말란 법이 없다. 말하자면 자기 자신도 복제할 수 있을 것이다. 이러한 나노로봇은 생물체의 세포처럼 자기증식이 가능하기 때문에 얼마 뒤에 두 번째 나노로봇을 얻게 되고, 조금 지나서는 네 개, 여덟 개, 열여섯 개 등, 기하급수적으로 증식하게 될 것이다.

어셈블러의 자기복제 기능으로 말미암아 인간의 힘으로 통제 불가능한 재앙이 발생할 수 있다. 예컨대 인체 안에서 활동하는 나노로봇이 돌연변이를 일으켜 암세포를 죽이지 않고 제멋대로 증식한다면 생명이 위태로워질 것이다. 유독쓰레기를 제거하기 위해 뿌려 놓은 나노로봇이 자기복제를 멈추지

자기증식하는 나노기계가 지구 전체를 뒤덮게 될까.

않으면 지구는 로봇 떼로 뒤덮일 것이다.

　드렉슬러는 자기증식하는 나노기계가 지구 전체를 뒤덮게
되는 상태를 '잿빛 덩어리(그레이 구)'라고 명명했다. 이른바
그레이 구 상태가 되면 인류는 최후의 날을 맞게 된다는 의미
이다.

물론 많은 과학기술자들은 자기복제가 가능한 나노로봇은 애당초 실현 불가능한 공상이라고 비웃고, 그레이 구 시나리오는 허무맹랑한 우스갯소리에 불과하다고 일소에 붙인다. 하지만 레이 커즈와일처럼 그레이 구 시나리오를 진지하게 받아들이는 미래학자들도 적지 않다. 그는 『특이점이 다가온다』에서 그레이 구 상황을 다음과 같이 상상했다.

　"나노로봇이 공격을 펼치기 시작하면 가장 큰 피해를 입는 것은 사람을 포함한 생명체들이다. 설계상 나노로봇의 기본 재료는 탄소일 것이기 때문이다. 탄소는 네 개의 결합을 이룰 수 있는 특성 덕분에 분자 조립에 안성맞춤인 재료이다. 탄소 분자들은 직선 사슬, 지그재그, 원, 나노튜브, 버키볼 등 다양한 모양을 이룰 수 있다. 생물 역시 탄소를 주재료로 삼으므로 지구의 생물자원은 나노로봇에게 더없이 이상적인 재료일 것이다."

　커즈와일은 고삐 풀린 자기복제 나노로봇이 전 지구의 생물자원을 집어삼키는 데 소모되는 시간을 어림짐작한다.

　"전 세계 생물자원에 포함된 탄소 원자의 수는 약 10^{45}개이다. 하나의 나노로봇에 포함된 탄소 원자의 수는 10^6개 정도라 할 수 있다. 결국 해로운 나노로봇들이 그 수를 10^{39}배로 늘리면 모든 생물자원을 삼키게 된다는 뜻인데, 130번가량 자기복제를 한 셈이다. 로버트 프라이타스는 자기복제에 걸리는 시간이 최소 100초일 것으로 예상한다. 그가 맞다면 130

번의 복제에는 세 시간 반이 걸린다. 물론 실제의 파괴 속도
는 그처럼 빠르지는 못할 것이다. 생물자원이 여기저기 분포
되어 있기 때문이다. 파괴의 힘이 얼마나 빨리 퍼져 나가느냐
하는 점이 관건이다. 나노로봇들은 너무 작아서 그리 쉽게 멀
리 움직이지 못한다. 아마도 나노로봇의 파괴 행위가 지구를
한 바퀴 돌려면 몇 주는 걸릴 것이다."

커즈와일은 비상한 대책을 세우지 않으면 그레이 구가 모든
생물자원을 파괴하는 것은 시간문제라고 주장한다. 여러 가
지 대책이 모색되어야 할 테지만, 나노로봇이 특정 임무를 마
치거나 소정의 활동 시간이 경과한 뒤에 자기증식이 정지되
거나 스스로 자살하게 만드는 소프트웨어를 장착한다면 그레
이 구의 재앙은 모면할 수 있다고 주장하는 전문가들도 적지
않다.

나노로봇의 먹이

어셈블러 자체를 부정하는 리처드 스몰리조차 그레이 구 시
나리오에 대해 우려를 표명했다. 2001년 『사이언티픽 아메리
칸』 9월호에 실린 글에서 다음과 같이 문제를 제기했다.

"이런 자기복제 나노로봇은 아주 무시무시한 존재이다. 누
가 이 로봇들을 제어할 것인가? 일부 과학자나 컴퓨터 해커들
이 자율적으로 일련의 지시 사항을 완수할 수 있는 나노로봇

을 설계하고 있는지 어떻게 파악할 수 있을 것인가? 나노로봇이 돌연변이를 일으켜 일단 악성 상태에 들어서면 어떻게 막아 낼 수 있을 것인가? 자기복제 나노로봇은 새로운 형태의 기생생물처럼 되어 버릴 것이다. 그렇게 되면 이 지구 상의 모든 존재가 구별이 불가능한 *끈끈한 잿빛 덩어리*(그레이 구)로 될 때까지도 나노로봇이 무한하게 팽창하는 것을 막을 방법이 없을 것이다."

스몰리는 그레이 구의 재앙을 더욱 섬뜩하게 묘사하였다.

"한층 더 두려운 사실은 나노로봇이 설계에 의해서든, 또는 되는 대로의 돌연변이에 의해서든 서로 의사소통을 할 수 있는 능력을 발전시킬 것이라는 점이다. 아마도 나노로봇은 집단을 형성할 것이고 이러한 나노로봇 떼는 원시적인 신경체계를 구축하게 될 것이다. 아마도 그들은 사전적인 의미에서 정말로 '살아 있는' 상태가 될지도 모른다. 그렇게 되면 나노로봇이 출현한 사회에 대한 우려를 제기한 빌 조이의 잊을 수 없는 말처럼, 미래는 우리 인간을 더 이상 필요로 하지 않을 것이다."

물론 스몰리는 자기복제 나노로봇이 현실적이지 못하다고 주장하면서도 미국의 컴퓨터 이론가인 빌 조이(1954~)를 언급하는 용의주도함을 보여 주었다. 2000년 4월 빌 조이는 세계적 반향을 불러일으킨 논문인 「왜 우리는 미래에 필요 없는 존재가 될 것인가」에서 드렉슬러의 어셈블러 개념에 전폭적인 공감을 나타내고, 자기증식하는 나노로봇에 의해 인류가 종말을 맞게 될지 모른다고 주장했다.

"우리는 21세기의 압도적인 과학기술들인 로봇공학, 유전 공학, 나노기술 등이 지금까지의 과학기술과는 근본적으로 다른 위협을 제기하고 있다는 사실을 깨닫지 못하고 있다. 그 중에서 로봇, 인공생명, 나노로봇은 특히 위험한 요소를 가지고 있다. 그것은 그들이 자기복제를 할 수 있다는 점이다. 폭탄 한 개는 오직 한 번만 터질 수 있다. 그러나 하나의 로봇은 여러 개의 로봇이 될 수 있고, 빠른 속도로 통제 불가능하게 된다."

조이는 드렉슬러의 『창조의 엔진』이 나노기술에 의해 창조되는 유토피아와 같은 미래 사회의 모습만을 보여 주고 있는 것은 아니라고 강조했다. 다시 말해 『창조의 엔진』에는 나노 기술이 인류 사회를 파괴할 수 있다는 경고가 담겨 있음을 간과해서는 안 된다는 것이다.

조이 역시 드렉슬러처럼 나노기술의 파괴적인 측면에 대해 우려를 표명했다.

"어셈블러 기술은 앞으로 20년 내에 출현할 가능성이 높은 것으로 보인다. (……) 불행하게도 핵 기술과 마찬가지로 나노기술은 건설적인 용도보다는 파괴적인 용도를 위해 이용되기가 훨씬 더 쉽다. 나노기술이 군사적으로, 또는 테러 행위를 위해 사용될 수 있다는 것은 명백하다. 자신은 피해를 입

소설 『먹이』에서 나노로봇 떼가 인간 세상을 공격한다.

지 않으면서 나노기술 장치를 방출해 놓는 것이 가능한 것이
다. 예를 들어 어떤 특정 지역 또는 어떤 유전적 특성을 지닌
인간 집단에게만 선택적으로 상해를 가하는 파괴적 장비가
나노기술을 이용하여 만들어질 수 있다."

빌 조이에 이어 미국의 과학소설가인 마이클 크라이튼이 드렉슬러의 아이디어를 액면 그대로 수용한 소설 『먹이』를 발표함에 따라 그레이 구 시나리오에 대한 대중적 관심이 고조되었다. 2002년 발표된 이 소설에서 크라이튼은 스몰리의 생각과 비슷하게 자기증식 나노로봇이 집단을 형성하여 지능을 가진 존재로 돌변하는 이야기를 엮어 나갔다. 이 소설에서 나노로봇 떼는 문자 그대로 '살아 있는' 괴물이 되어 사람을 먹이로 해치운다.

나노기술이 황금알을 낳는 거위가 되어 인류에게 행복을 안겨 줄지 아니면 프랑켄슈타인의 괴물이 되어 인류에게 불행을 안겨 줄지 아무도 모른다. 다만 한 가지 확실한 사실은 나노기술이 세상을 바꾸어 가고 있다는 것이다.

+ 더 읽어 볼 만한 책

『나노기술이 미래를 바꾼다』, 이인식 엮음, 김영사, 2002
국내외 나노기술 전문가의 글 16편을 모아 놓은 개론서. 리처드 파인
만의 〈바닥에는 풍부한 공간이 있다〉, 에릭 드렉슬러의 『창조의 엔진』
의 제1부, 빌 조이의 「왜 우리는 미래에 필요 없는 존재가 될 것인가」
도 실려 있다.

『나노 테크노피아』, 에릭 드렉슬러(한정환 역), 세종서적, 1995
드렉슬러의 『무한한 미래』를 옮긴 책으로 나노기술의 미래에 대한 시
나리오가 흥미진진하게 망라되어 있다.

『재미있는 나노과학기술 여행』, 강찬형·금동화·김긍호·서상희, 양문, 2006
국내 나노기술 전문가들이 공동 집필한 입문서. 특히 자연을 본떠 나
노물질을 개발하는 분야를 중점적으로 다루고 있다.

『춤추는 분자들이 펼치는 나노기술의 세계』, 테드 사전트(차민철·심용희 공
역), 허원미디어, 2008
나노기술이 의학·환경·정보기술 등에 활용되는 사례를 포괄적으로
소개한 개론서이다.

『나노 바이오 테크놀로지』, 블라트 게오르게스쿠(박진희 역), 생각의나무, 2004
2002년 독일에서 발행된 나노바이오기술 개론서. 나노기술과 생명공
학기술의 융합을 일목요연하게 정리했다.

『먹이』, 마이클 크라이튼(김진준 역), 김영사, 2004
자기복제하는 나노로봇에 대한 드렉슬러의 아이디어에 따라 인류가
나노기술의 희생자가 되는 과정을 섬뜩하게 묘사한 과학소설이다.

『당신에게 노벨상을 수여합니다』(전 3권), 노벨 재단 엮음(한국과학기술연구
원 공역), 바다출판사, 2007
노벨상 중에서 물리학, 화학, 생리·의학 등 3개 부문의 시상 연설
(1901~2006) 전문이 수록되어 있다.

Engines of Creation, K. Eric Drexler, Anchor Press, 1986
나노기술에 관한 최초의 저술로 자리매김된 기념비적인 명저.

Nanotechnology, BC Crandall, MIT Press, 1996
나노기술 전문가의 논문 10편을 엮어 놓았다. 특히 유틸리티 포그에
관한 글이 눈길을 끈다.

"Special Nanotechnology Issue", *Scientific American* (2001년 9월호)
월간 『사이언티픽 아메리칸』의 나노기술 특집으로 에릭 드렉슬러와 리
처드 스몰리의 기고도 실려 있다.

Nanotechnology : Science, Innovation, and Opportunity, Lynn Foster, Prentice Hall, 2005
나노기술의 산업적 측면을 다룬 글 20편을 모아 놓았다.

The Handbook of Nanomedicine, Kewal Jain, Humana Press, 2008
일반 독자를 위한 나노의학 입문서, 18장으로 구성되었다.

Nanotechnology and Society, Fritz Allhoff, Patrick Lin, Springer, 2008
철학 교수들이 나노기술의 윤리적 쟁점에 관한 글 16편을 엮어 놓았다. 인체의 건강과 환경문제에 관련된 나노윤리를 분석한 글들이다.

"Nanomedicine Targets Cancer", James Heath, Mark Davis, *Scientific American* (2009년 2월호)
나노의학의 최근 연구 성과가 정리되어 있다.

"Powering Nanorobots", Thomas Mallouk, Ayusman Sen, *Scientific American* (2009년 5월호)
나노로봇의 핵심인 나노모터의 개발 방안을 소개한다.

찾아보기(인명)

게르트 비니히 Gerd Binnig 47,
 50, 79
그레그 베어 Greg Bear 41
김대중 金大中 74
김상배 103
김필립 131

닐 스티븐슨 Neal Stephenson 42

레이 커즈와일 Ray Kurzweil 187,
 191, 192
로버트 랭어 Robert Langer 118,
 119
로버트 에틴저 Robert Ettinger
 164
로버트 컬 Robert Curl 53
로버트 프라이타스 Robert Freitas
 156, 157, 159, 160, 162, 172,
 191
리처드 스몰리 Richard Smalley
 53, 79, 183, 184, 185, 186, 187,
 192, 193, 196, 198
리처드 파인만 Richard Feynman
 30, 31, 32, 33, 34, 35, 36, 37,
 59, 77, 79, 148, 197

마빈 민스키 Marvin Minsky 59
마이클 크라이튼 Michael Crichton
 42, 196, 198
미하일 로코 Mihail Roco 75

박찬범 123

벅민스터 풀러 R. Buckminster
 Fuller 53
빌 조이 Bill Joy 193, 194, 196,
 197
빌 클린턴 Bill Clinton 73, 74, 79
빌헬름 바르틀로트 Wilhelm
 Barthlott 103

스티븐 스필버그 Steven Spielberg
 38
시라카와 히데키 白川英樹 129

아서 클라크 Arthur Clarke 88, 89
안토니 반 레벤후크 Antonie van
 Leeuwenhoek 44, 45
알렉스 제틀 Alex Zettl 86, 87
앨런 맥더미드 Alan MacDiarmid
 129
앨런 히거 Alan Heeger 129, 135
에른스트 루스카 Ernst Ruska 46,
 47
에릭 드렉슬러 K. Eric Drexler 59,
 60, 61, 62, 63, 64, 66, 74, 79,
 148, 150, 151, 152, 153, 155,
 163, 164, 170, 172, 180, 181,
 183, 184, 186, 187, 190, 193,
 194, 196, 197, 198
유룡 144, 145
이지마 스미오 飯島澄男 67, 68, 79
임지순 任志淳 69, 72, 79, 128

조르주 드 메스트랄 George de
 Mestral 97

차하리아스 얀센 Zacharias Janssen
 43, 44

카를로 몬테마노 Carlo Montemagno 174, 178
캘빈 퀘이트 Calvin Quate 50

티머시 리어리 Timothy Leary 164, 165
티머시 스웨거 Timothy Swager 141

프랭크 허버트 Frank Herbert 40
플라톤 Plato 58

하인리히 로러 Heinrich Rohrer 47, 50, 79
해럴드 크로토 Harold Kroto 53

찾아보기(용어)

ㄱ

게코(도마뱀붙이) gecko 101, 102, 103, 106
〈과학이란 무엇인가?〉(리처드 파인만) 36
국가나노기술계획 National Nanotechnology Initiative(NNI) 73, 75
굵다란 손가락 문제 fat fingers problem 185
그래핀 graphene 131, 132
그레이 구 gray goo 189, 190, 191, 192, 193, 196

근육로봇(머슬봇) musclebot 178
끈끈한 손가락 문제 sticky fingers problem 185

ㄴ

나노 구조물 nanostructure 76, 77
나노로봇 nanorobot 65, 66, 138, 148, 149, 151, 153, 155, 156, 157, 159, 160, 161, 162, 163, 172, 178, 183, 184, 186, 188, 189, 191, 192, 193, 194, 195, 196, 198, 199
나노물질 nanomaterial 67, 69, 84, 90, 97, 101, 131, 197
나노바이오기술 nanobio-technology 108, 114, 198
나노바이오센서 111, 112, 113, 114, 141
나노여과법 nanofiltration 142
나노오염 nanopollution 87, 88, 96
나노와이어 nanowire 71
나노의학 64, 116, 118, 119, 155, 156, 159, 199
『나노의학 Nanomedicine』(로버트 프라이타스) 156, 160
나노입자 nanoparticle 87, 88, 90, 91, 92, 93, 94, 95, 96, 117, 121, 122, 130, 140, 143
나노프로펠러 nanopropeller 174, 175, 177, 178
『낙원의 샘 The Fountains of Paradise』(아서 클라크) 88
냉동인간 163, 166, 169, 170

ㄷ

『다이아몬드 시대 *The Diamond Age*』(닐 스티븐슨) 42

동물로봇 98, 106

디엔에이(DNA)칩 108, 109, 110

디옥시리보 핵산(DNA) 18, 19, 20, 21, 22, 23, 24, 26, 27, 33, 109, 110, 112, 113

ㄹ

랩온어칩 lab-on-a-chip 108, 111, 118

로봇 대식세포 robotic macrophage 157

로봇 적혈구 156, 157

리보솜 ribosome 24, 25, 186

리소그래피 lithography 77, 78

리포솜 liposome 119, 120

ㅁ

『먹이 *Prey*』(마이클 크라이튼) 42, 196, 198

면역기계 immune machine 151, 153, 154

『모래언덕 *Dune*』(프랭크 허버트) 40

『무한한 미래 *Unbounding the Future*』(에릭 드렉슬러) 64, 151, 180, 181, 197

미생물 포식자 세포 157

미오신 myosin 173

밀리페드 Millipede 126, 127

ㅂ

〈바닥에는 풍부한 공간이 있다 There's Plenty of Room at the Bottom〉(리처드 파인만) 30, 79, 197

바이오스태시스(생명 정지) biostasis 170

바이오칩 108, 111, 118

버키볼 buckyball 52, 53, 54, 55, 67, 79, 82, 83, 84, 132, 133, 191

버키튜브 buckytube 67

벅민스터풀러렌 buckminsterfullerene 53, 56

벨크로 Velcro 97, 98, 103

분자기계 61, 62, 150, 151, 152, 174

분자기술 molecular technology 59, 60, 61

분자 모터 molecular motor 172, 173, 174, 175, 177, 178

분자 엘리베이터 175, 178

분자 인식 molecular recognition 16

분자 제조 molecular manufactu-ring 64, 181, 182, 184

분자 진단 117

분자 컨베이어 벨트 175, 178

분자 톱니바퀴 174

『불멸에의 기대 *The Prospect of Immortality*』(로버트 에틴저) 164

『블러드 뮤직 *Blood Music*』(그레그 베어) 41

ㅅ

상향식(bottom-up) 공정 기술 77
생체가용성 bioavailability 118
생체모방공학 biomimetics 97, 98, 100, 101, 106
세포 수복 기계 cell repair machine 148, 150, 151, 170, 172
스마트 물질 smart material 182
스티키봇 Stickybot 102, 103
『슬랜트 *Slant*』(그레그 베어) 41

ㅇ

아데노신 3인산(ATP) 173, 174, 175
알코르(Alcor) 생명연장 재단 165, 166
약물 전달 drug delivery 86, 116, 118, 119, 122, 123
양자점 quantum dot 116, 117
어셈블러 assembler 61, 62, 63, 64, 180, 181, 182, 183, 184, 185, 186, 187, 188, 189, 192, 193, 194
엔케팔린 enkephalin 171
연료전지 fuel cell 86, 136, 137, 138, 139
연잎 효과 lotus effect 103, 104, 105
염기 배열 22, 23, 24, 26, 109, 110, 113
「왜 우리는 미래에 필요 없는 존재가 될 것인가 Why the Future Doesn't Need Us」(빌 조이) 193, 197
우주 엘리베이터 space elevator 88, 89
원자힘현미경 atomic force microscope(AFM) 50
유전자 지도 26, 27
유전 정보 23, 24, 26, 110
유틸리티 포그 utility fog 188, 198
융합기술 convergent technology(CT) 75
〈이너스페이스 Innerspace〉 38, 40
인간 게놈 프로젝트 27
인공 동면 171
인공 호흡세포 artificial respirocyte 156, 157, 158
인체 냉동보존술 cryonics 163, 164, 166, 167, 168, 170
『임종의 설계 *Design for Dying*』(티머시 리어리) 164

ㅈ

자기복제 189, 191, 192, 193, 194, 198
자기조립 self-assembly 16, 24, 53, 77, 123
자기조직화 self-organization 24
자기증식 189, 190, 192, 194, 196
자동 정화 91, 92, 93, 104, 105, 106
자연모사공학 nature-inspired engineering 106
잿빛 덩어리(그레이 구) gray goo 190, 193
저온생물학 cryobiology 166, 167, 168, 169, 170
전자현미경 45, 46, 47, 49, 68
제올라이트 zeolite 142, 143, 144, 145

주사터널링현미경 scanning tunneling microscope(STM) 47, 48, 49, 50, 51, 79

ㅊ

『창조의 엔진 *Engines of Creation*』(에릭 드렉슬러) 60, 61, 79, 148, 170, 180, 194, 197
『천사들의 여왕 *Queen of Angels*』(그레그 베어) 41, 42
촉매 23, 94, 112, 143, 173

ㅋ

키네신 kinesin 173

ㅌ

탄소나노튜브 carbon nanotube 67, 68, 69, 70, 71, 72, 77, 79, 84, 85, 86, 87, 88, 89, 96, 127, 128, 132, 137, 175, 183
탄소나노튜브 라디오 carbon nanotube radio 86
태양전지 solar cell 83, 84, 106, 134, 135, 136
『특이점이 다가온다 *The Singularity Is Near*』(레이 커즈와일) 187, 191
『티마이오스 *Timaios*』(플라톤) 58

ㅍ

『파인만 씨, 농담도 잘하시네!』(리처드 파인만) 30

폴리머(중합체) polymer 84, 119, 128, 129, 130
플라스틱 반도체 128, 130, 135
플라스틱 태양전지 84, 135
풀러렌 fullerene 53, 55, 56, 57, 58

ㅎ

하향식(top-down) 공정 기술 76
혈관-뇌(혈뇌) 장벽 94, 160
형광나노튜브 123
〈환상 여행 Fantastic Voyage〉 37, 38, 40, 79
효소 23, 62, 94, 112, 152, 173, 174
휴대용 약국 portable pharmacy 122
흡혈귀 로봇 138

칼럼 ·································

신문 칼럼 연재

· 〈동아일보〉 이인식의 과학생각 (99. 10 ~ 01. 12) : 58회(격주)
· 〈한겨레〉 이인식의 과학나라 (01. 5 ~ 04. 4) : 151회(매주)
· 〈조선닷컴〉 이인식 과학칼럼 (04. 2 ~ 04. 12) : 21회(격주)
· 〈광주일보〉 테마 칼럼 (04. 11 ~ 05. 5) : 7회(월 1회)
· 〈부산일보〉 과학칼럼 (05. 7 ~ 07. 6) : 26회(월 1회)
· 〈조선일보〉 아침논단 (06. 5 ~ 06. 10) : 5회(월 1회)
· 〈조선일보〉 이인식의 멋진 과학 (07. 4 ~ 현재) : 연재 중(매주)

잡지 칼럼 연재

· 〈월간조선〉 이인식 과학칼럼 (92. 4 ~ 93. 12) : 20회
· 〈과학동아〉 이인식 칼럼 (94. 1 ~ 94. 12) : 12회
· 〈지성과 패기〉 이인식 과학 글방 (95. 3 ~ 97. 12) : 17회
· 〈과학동아〉 이인식 칼럼 - 성의 과학 (96. 9 ~ 98. 8) : 24회
· 〈한겨레 21〉 과학칼럼 (97. 12 ~ 98. 11) : 12회
· 〈말〉 이인식 과학칼럼 (98. 1 ~ 98. 4) : 4회(연재 중단)
· 〈과학동아〉 이인식의 초심리학 특강 (99. 1 ~ 99. 6) : 6회
· 〈주간동아〉 이인식의 21세기 키워드 (99. 2 ~ 99. 12) : 42회
· 〈시사저널〉 이인식의 시사과학 (06. 4 ~ 07. 1) : 20회(연재 중단)
· 〈월간조선〉 이인식의 지식융합 파일 (09.9 ~ 현재) : 연재중(매월)

저서 ·································

1987 『하이테크 혁명』, 김영사
1992 『사람과 컴퓨터』, 까치글방
      - KBS TV '이 한 권의 책' 테마북 선정
      - 문화부 추천도서
      - 덕성여대 '교양독서 세미나' (1994 ~ 2000) 선정도서

『아주 특별한 과학 에세이』 출판 기념회(2001. 2. 21)

1995 『미래는 어떻게 존재하는가』, 민음사

1998 『성이란 무엇인가』, 민음사

1999 『제2의 창세기』, 김영사
    – 문화관광부 추천도서
    – 간행물윤리위원회 선정 '이달의 읽을 만한 책'
    – 한국출판인회의 선정도서
    – 산업정책연구원 경영자독서모임 선정도서

2000 『21세기 키워드』, 김영사
    – 중앙일보 선정 좋은 책 100선
    – 간행물윤리위원회 선정 '청소년 권장도서'
    『과학이 세계관을 바꾼다』(공저), 푸른나무
    – 문화관광부 추천도서
    – 간행물윤리위원회 선정 '청소년 권장도서'

2001 『아주 특별한 과학 에세이』, 푸른나무
    – EBS TV '책으로 읽는 세상' 테마북 선정
    『신비동물원』, 김영사
    『현대과학의 쟁점』(공저), 김영사
    – 간행물윤리위원회 선정 '청소년 권장도서'

2002 『신화상상동물 백과사전』, 생각의나무
    『이인식의 성과학탐사』, 생각의나무
    – 책으로 따뜻한 세상 만드는 교사들(책따세) 추천도서
    『이인식의 과학생각』, 생각의나무
    『나노기술이 미래를 바꾼다』(편저), 김영사
    – 문화관광부 선정 우수학술도서
    – 간행물윤리위원회 선정 '이달의 읽을 만한 책'
    『새로운 천년의 과학』(편저), 해나무

2004 『미래과학의 세계로 떠나보자』, 두산동아
    – 한우리독서문화운동본부 선정도서
    – 간행물윤리위원회 선정 '청소년 권장도서'
    – 산업자원부, 한국공학한림원 지원 만화 제작(전 2권)
    『미래신문』, 김영사

제1회 한국공학한림원 해동상 수상 (2005. 12. 5)
왼쪽부터 김정식 해동과학문화재단 이사장, 저자 부부, 윤종용 한국공학한림원 회장

	– EBS TV '책, 내게로 오다' 테마북 선정
	『이인식의 과학나라』, 김영사
	『세계를 바꾼 20가지 공학기술』(공저), 생각의나무
2005	『나는 멋진 로봇 친구가 좋다』, 랜덤하우스중앙
	– 동아일보 '독서로 논술잡기' 추천도서
	– 산업자원부, 한국공학한림원 지원 만화 제작(전 4권)
	『걸리버 지식 탐험기』, 랜덤하우스중앙
	– 책으로 따뜻한 세상 만드는 교사들(책따세) 추천도서
	– 조선일보 '논술을 돕는 이 한 권의 책' 추천도서
	『새로운 인문주의자는 경계를 넘어라』(공저), 고즈윈
	– 과학동아 선정 '통합교과 논술대비를 위한 추천 과학책'
2006	『미래교양사전』, 갤리온
	– 제47회 한국출판문화상(저술부문) 수상
	– 중앙일보 선정 올해의 책

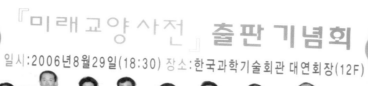

『미래교양사전』 출판 기념회 (2006. 8. 29) 과학기술계 및 언론출판계의 지인들(위)과
광주제일고등학교 8회 동문들(아래)과 함께

제47회 한국출판문화상 수상 (2007. 1. 19)
왼쪽부터 최영락 공공기술연구회 이사장, 최규홍 연세대 교수, 저자,
윤정로 카이스트 교수, 백이호 한국기술사회 전무, 이광형 숭실대 교수

	– 시사저널 선정 올해의 책
	– 동아일보 선정 미래학 도서 20선
	– 조선일보 '정시 논술을 돕는 책 15선' 선정도서
	– 조선일보 '논술을 돕는 이 한 권의 책' 추천도서
	『걸리버 과학 탐험기』, 랜덤하우스중앙
2007	『유토피아 이야기』, 갤리온
2008	『이인식의 세계신화여행』(전 2권), 갤리온
	『짝짓기의 심리학』, 고즈윈
	– EBS 라디오 '작가와의 만남' 도서
	– 교보문고 '북세미나' 선정도서
	『지식의 대융합』, 고즈윈
	– KTV 파워특강 테마북

－ 책으로 따뜻한 세상 만드는 교사들(책따세) 기부강좌도서
2009 『미래과학의 세계로 떠나보자』(개정판), 고즈윈
『나는 멋진 로봇 친구가 좋다』(개정판), 고즈윈
－ 책으로 따뜻한 세상 만드는 교사들(책따세) 추천도서

원작
만화

　　　『만화 21세기 키워드』(전 3권), 홍승우 만화, 애니북스(2003~2005)
　　　－ 부천만화상 어린이 만화상 수상
　　　－ 한국출판인회의 선정 '청소년 교양도서'
　　　－ 책키북키 선정 추천도서 200선
　　　－ 동아일보 '독서로 논술잡기' 추천도서
　　　－ 아시아태평양 이론물리센터 '과학, 책으로 말하다' 테마북 선정
　　　『미래과학의 세계로 떠나보자』(전 2권), 이정욱 만화, 애니북스(2005~2006)
　　　－ 한국공학한림원 공동발간도서
　　　－ 과학기술부 인증 우수과학도서
　　　『와! 로봇이다』(전 4권), 김제현 만화, 애니북스(2007~)
　　　－한국공학한림원 공동발간도서

「지식의 대융합」 출판 기념회 (2008. 11. 5)
과학기술계 중심의 지인들(위), 아내 안젤라의 역삼성당 교우 및 대학 동창들(중간),
서울대 전자공학과 22회 및 광주제일고등학교 8회 동문들(아래)과 함께